나였던 그 발랄한 아가씨는 어디 갔을까

나였던 그 발랄한 아가씨는 어디 갔을까

류민해 지음 | 이크종 그림

한권의책

불량주부의 역습

책 읽는 위험한 여자 • 9   욕망해도 괜찮아? • 17   강기슭 너머로 몸을 날려라 • 25   오늘은 무조건 건배 • 32   재테크에 관하여 • 38   몸의 노래 • 44   피로한 사회 • 53   희망 없음의 희망 • 59   일상을 여행처럼 • 63   아주 사적인 24시간 • 68

육아잔혹사

우리 아이 처음 어린이집 가던 날 • 77   어쩌다 엄마가 되어 • 83   자식에게도 예의가 필요하다 • 91   아이가 없어졌다 • 97   심리학은 옳았다 • 104   한글공부를 금하노라 • 115   엄마, 참 잘했어요 • 123   아이를 키우는 건 왜 이리 어려운가요 • 131   아이 키우면서 셀프 치유하기 • 137   아이에게 보내는 편지 • 142

결혼의 목적

실연과 과학 책 • 149 너 나한테 시집와라 • 158 소크라테스 활용법 • 169 때리는 남자 • 179 잊어버리는 건 사랑 • 184 주부의 본질 • 193

내 멋대로 살림하기

하루키와 함께 샐러드를 • 201 살림이 좋아? • 208 오븐에 관한 이야기 • 214 전세 구하기 • 223

욕망해도 괜찮아

청춘의 끝에 관하여 • 233 내게 야한 이야기를 해 봐 • 242 욕망의 바닥 들여다보기 • 253 엄마의 로망 • 260 어떤 하루는 인생보다 길다 • 270 그럼에도 불구하고 • 276 나만의 위안을 찾아서 • 283 내 나이 서른여섯 • 291

나를 위로하는 것들 • 297

1장
불량주부의 역습

???
칵!!

책 읽는 위험한 여자

남편이 나를 무시하는 것 같다. 아니, 무시하고 있다. 일이 좀 있었다. 며칠 전 아는 사람이 덜컥 남편의 회사에 다리를 좀 놓아달라고 부탁했다. "소개야 해줄 수 있겠지만, 결과는 장담 못한다"고 말하고 남편에게 이야기를 전하자 대뜸 얼굴이 굳어지더니 "왜 쓸데없는 짓을 하고 다니느냐"며 면박을 주었다.

어제는 등기며 세금이며 이사 가면서 챙겨야 할 이것저것에 대해 물었더니 "너는 몰라도 너무 모른다"고 고개를 절레절레 흔들었다. 오늘 아침에는 밥상머리에서부터 뉴스를 본다고 휴대폰만 들여다보는 게 보기 싫어 밥을 먹든지 휴대폰을 보든지 둘 중에 하나만 하라고 했더니 대꾸하는 말.

"뉴스 좀 봐라. 지금 나라가 전쟁이 나게 생겼는지, 세금이 오르는지 내리는지…. 세상 돌아가는 것 좀 알고 살자고."

이게 최근 일주일간 남편이 저지른 만행들이다. 처음에는 화가 났다. 너 정말 고따위로밖에 말 못하니? 멱살을 잡을까, 들고 있던 국자를 집어던질까, 보란 듯이 집을 나가버릴까…?

그러다 끝내 아무 말도 못하는 나 자신에게 더 화가 났다. 이런 대접 받으려고 결혼한 거 아닌데, 쓸데없는 짓 하고 다니는 오지랖쟁이 취급이나 받고, 등기 어떻게 하는지 모른다고 무시당하고, 뉴스 안 본다고 비하되는 아줌마는 되고 싶지 않았는데. 한심하다. 한심해서 기죽는다. 남편이 이런 기분을 눈치채면 더욱 초라해질 게 뻔하다. 쏟아지는 눈물을 참으며 방문을 쾅 닫고 들어가 책을 펼쳤다.

남자들은 책 읽는 여자를 싫어한다. 물론 결혼하기 전에는 그런 내색을 하지 않는다. 책에서 읽은 내용을 이야기하면 '우와, 우리 자기 정말 똑똑하다', '지적이다'라며 아무것도 아닌데 감탄하는 통에 어깨를 으쓱하기도 했다. 본인은 책을 그리 좋아하지 않지만, 내가 하는 책 이야기는 언제 들어도 질리지 않는다며 치켜세우곤 했다.

지금 생각해 보면 책 몇 권 사주는 것으로 선물도 땡, 서점 한 바퀴 도는 것으로 데이트도 땡이니 돈이 절약되어 좋아했던 게 아니었을까? 결혼한 뒤 남편은 언제 그랬냐는 듯 나를 타박하

기 시작했다. '책 때문에 집이 항상 너저분하다', '주부가 살림은 뒷전이고, 책만 들여다보고 있으면 밥이 나오냐, 국이 나오냐…' 급기야는 아는 게 많아서 남편을 무시하는 거냐는 말까지 나왔다. 쳇, 그건 당신의 자격지심 아니냐고!

오늘은 책을 펼쳤지만 딴생각뿐이다. 어떻게 하면 남편을 혼내줄 수 있을까. 정말 드러워서 (더러워서가 아니다. 드러워서다) 내 살길을 찾아 떠나야지. 어느 틈에 생각은 삼천포로 빠진다. 작가가 되면, 내 사업을 하면, 번듯한 직장에 들어가 성공하면 보란 듯이 다 때려치우겠다고 벼르고 있다. 그럼 아이들은 어쩌지? 집은? 친정 식구들한테는 뭐라고 말하고? 결국에는 어휴, 책이나 읽자. 하루 중 유일하게 내가 나일 수 있는 시간은 책 읽는 시간뿐이니까.

책을 읽을 때만큼은 여기 아파트 구석에서 18개월 된 아이의 기저귀를 갈면서도 머나먼 곳으로 모험을 떠날 수 있다. 낯선 남자와 연애를 할 수도 있고, 세계사 속의 어느 시대 어느 장면에서 원하는 인물이 되어 마음껏 권세를 누릴 수도 있다. 차마 말로 할 수 없을 만큼 발칙하고, 행동으로 옮길 수 없을 만큼 망측한 것들을 자유롭게 상상할 수도 있다. 그래, 남편이 싫어하는 것, 책을 읽어야지. 『책 읽는 여자는 위험하다Frauen, die Lesen, sind gefaehrlich』에서 말하듯, 책 읽는 사람이 원하는 것은 어쩌면 세상과 소통하는 것이 아닐지도 모른다. 오히려 책으로 보이지 않는 벽을 쌓아 자기만의 공간을 만들고 싶은 것일지도.

그래서일까, 여자가 책을 읽기 시작한 지는 채 몇 백 년도 되지 않았다. 아니, 인류 기원 이래로 대중이 책을 접한 것도 얼마 되지 않는다. 오랜 역사에 걸쳐 책을 소유한다는 것은 극소수에게만 허용된 특별한 사치였다. 책을 만드는 것은 대단한 노고가 필요한 수작업이었고 그것을 감당할 만한 재산이 있는 사람만이 책을 손에 넣을 수 있었다. 더해서 문자를 익힐 만한 충분한 시간, 글을 읽을 만한 여유, 책을 읽어야 하는 동기가 두루 갖춰져야 했다. 그러기 위해서는 노역의 의무에서 자유로워야 했고, 삼신할머니가 잘 봐줘서 신분 피라미드의 비교적 상위에 태어나야 했으며, 재정적 기반도 갖춰져 있어야 했다.

구텐베르크가 납 활자 주조에 성공한 뒤에도 종이는 여전히 비쌌고 문자를 해독할 수 있는 계층은 귀족과 성직자, 관료들뿐이었으므로 가난한 서민들에게 책은 여전히 낯선 물건이었다. 산업화 이후 책이 흔해지고 나서는 다독多讀을 일종의 정신병으로 간주하기까지 한다. 지금은 고전이 된 『젊은 베르테르의 슬픔Die Leiden des jungen Werther』이나 『마담 보바리Madame Bovary』가 독서중독의 위험성을 알리는 사례로 이용되었으며 특히 여자와 청소년은 읽을 수 있는 책 목록이 극히 제한되었다. 여자와 청소년은

현실과 상상을 구분하는 지적능력이 발달하지 않아서라나.

그렇지만 여자들은 책을 읽는다. 나도 읽는다. 날마다 반복되는 벅찬 육아와 무시하는 남편과 지겨운 살림과 벽을 쌓기 위해서도 읽고, 남편과의 한바탕 말싸움에 이기기 위해서도 읽고, 가부장제의 현실을 소리 높여 비판하기 위해서도 읽는다. 화가 난 지금은 (남편을 속 썩이는) 위험한 여자가 되고 싶어 『책 읽는 여자는 위험하다』를 읽는다.

남편은 말한다. "회사 일도 바빠. 집안일에 신경 안 쓰게 해줘." 세상은 내게 말한다. "당신은 단란한 가정의 수호신, 두 아이를 낳은 위대한 모성, 가정소비의 주체, 국가경쟁력의 허리, 한 집안의 며느리 그리고 한 남성의 아내이자 아이의 인성과 교육을 좌지우지하는 결정권자"라고. 그 많은 역할 속에 나는 없다. 내가 되고 싶었던 것도 없다. 어쩌다 보니 역할만 있고 나는 없는 아줌마가 되었다. 속상하기보다 당황스럽다. 지나간 시간이 억울하기도 하다. 앞으로도 달라질 것이 없다고 생각하니 무거운 한숨이 절로 나온다.

책 읽는 여자를 과소평가하지 마라! 그녀들은 좀 더 영리해지는 것만이 아니다. 또 단지 이기적 즐거움을 누리게 되는 것만이 아니다. 그녀들은 혼자서도 아주 잘 지낼 수 있게 될 것이다. 혼자

있는 것, 자신의 환상과 작가의 환상만이 만나게 되는 것이 독서
가 주는 커다란 기쁨 중의 하나다. 책 읽는 여자도 가사, 남편, 경
우에 따라서는 애인조차 잊어버린다. 오직 책만을 중요한 것으
로 여긴다. ―슈테판 볼만,『책 읽는 여자는 위험하다』 중에서

어째서 내가 나일 수 있는 시간이 단지 책 읽는 시간뿐이어야
할까? 나는 엄마, 아내, 며느리라는 역할 속에 매몰되고 싶지 않
다. 나 자신 속에 역할이 있기를 바란다.

그러니 남편이 '왜 쓸데없는 짓을 하고 다니느냐'고 하면 "그
런 식으로 말하는 거 듣기 불쾌하다"라고 되받아쳤어야 했다.
'몰라도 너무 모른다'고 면박을 주면, 모르니까 물어보는 것 아
니냐고, 잘 아는 당신이 처리하면 서로 힘 빼지 않고 얼마나 좋
겠냐고 말했어야 했다. 뉴스 좀 보라고 잔소리하면 온종일 아이
들 쫓아다니느라 뉴스 볼 여유가 없는 게 그렇게 타박할 일이냐
고 따졌어야 했다. 나를 변호하는 말 한마디 못한 채 자기비하
의 덫에 빠져 분통을 터뜨리고 있었다니. 사실은 그게 나를 가
장 슬프게 했는지도 모른다. 남편의 짜증 한마디에 대롱대롱 매
달려서 흔들리는 여자가 되었다는 게.

몽테스키외는 "한 시간 동안 책을 읽고 난 다음에도 사라지지
않을 만큼 엄청난 슬픔을 나는 아직 겪어보지 못했다"고 했다.

세금은 진짜 아무리 봐도 모르겠어..

이?

하아..
너란여자..

아베는 어제..

???
누구?

크흥!

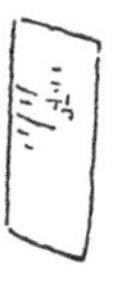

쟤이는 여자의
무서움을
알게해주마!!!
벌떡
팍!!

그 말은 틀렸다. 한 시간 동안의 독서는 단지 그 시간 동안 슬픔을 잊게 해줄 뿐이다. 문을 쾅 닫고 들어앉아 책을 읽어도 문밖의 상황은 달라지지 않는다. 그렇다고 그 시간이 헛되다는 건 아니다. 책 속에는 힘이 있으니까. 혼자서도 잘 지낼 수 있는 힘, 자기 운명을 스스로 만들어가는 힘. 타인의 취향에 흔들리지 않을 힘.

'아내가 된다는 것은 명예의 배지를 다는 일이 아니지만, 불행의 배지를 다는 일도 아니'라고 『아내의 역사 A History of wife』에서는 말한다. 그래서 나는 나 자신으로 살기로 했다. 살림도 못하고 요리는 더 못 하고 엄마로서 부족한 것투성이고, 아내로서도 완벽하지 않지만 나는 불량한 주부, 위험한 여자가 되기로 했다. 몸매보다 사상이 울퉁불퉁한 여자, 책 읽는 여자가 되기로 했다. 그리고 불시에 남편을 역습하기로 했다. 흥, 어디 두고 보라지!

욕망해도 괜찮아?

큰애를 어린이집에 보내놓고 동네 커피숍에 갔다. 커피숍에는 나 말고 엄마들 넷이 모여 앉아 우아한 브런치를 즐기고 있었다. 나는 한쪽 구석에 얌전히 자리를 잡고 책을 읽으면서 한편으로는 아주머니들의 수다에 귀를 쫑긋 세우고 있었다.

시작은 아이들의 문제집이었다. 어떤 문제집을 권해주어야 하나, 스스로 공부할 줄 아는 아이라면 '셀파', 수준이 있는 아이라면 '해법', 교육과정에 맞추려면 역시 '우등생'. 금세 화제는 학원으로 옮겨갔다. A학원은 아이들은 좋아하는데 딱히 점수가 올라가는 것 같지 않다. B학원은 실력은 좋은데 가격이 비싸다. 그 다음은 아이들의 일정 관리. 매일 태권도 하고 월·수요일 미술학원 가고 화·목요일 영어학원 가고. 음악 쪽으로도 뭔가 시켜야 할 것 같은데 바이올린을 시킬까, 피아노를 시킬까?

그리고 "요즘 애들 뭐 해 먹여?", "아이들한텐 역시 볶음밥이 최고야." 볶음밥 이야기가 나오자 기다렸다는 듯 얼마 전 바꾼 프라이팬 이야기와 그것을 구입하기 전에 후보에 올려놓고 고민했던 몇 개의 프라이팬 비교분석기, 자연스럽게 돈과 남편 이야기, 시시콜콜 남편의 흉을 보다가 구렁이 담 넘어가듯 시댁 이야기….

세 시간 가까이 계속되는 그들의 이야기를 들으면서 착잡했다. 주제가 한정적이어서 서글펐고, 이야기의 패턴이 뻔해서 지루했다. 자기들의 이야기가 없어서 불쌍했고 나 또한 동네 아줌마들과 만나면 똑같은 이야기를 한다는 걸 알기에 슬펐다.

그때 내가 펼치고 있던 책은 김두식 교수의 『욕망해도 괜찮아』였다. 거기에는 '지랄 총량의 법칙'이 나온다. 우리는 태어나면서부터 각자 평생 쓸 '지랄'의 총량을 가지고 태어난다고 한다. 하지만 사람마다 언제 얼만큼 쓰느냐는 각각 달라서, 어린 시절부터 조금씩 나눠 쓰는 사람이 있는가 하면, 평생 아끼고 아끼다가 중년에 갑자기 쏟아내는 사람도 있다. 노년에 지랄 발광하듯 써버릴 수도 있다. 어쨌든 자신이 가지고 태어난 지랄의 양은 일생에 걸쳐 다 쓰고 죽는다는 것이다.

그렇지만 우리 사회는 지랄을 인정하지 않는다. 자기 안의 지랄을 꾹꾹 숨기고 다스려서 규범적인 '계'의 세계에 자리 잡은

사람만이 인정받는 사회다. 지랄을 잘 관리할수록 훌륭한 어른, 모범적인 시민이 된다. 문제는 그렇게 성공한 그들의 마음 깊은 곳 한구석에 미처 쓰지 않은 지랄의 욕망이 숨어 있다가 어느 순간 예기치 않은 사건에 의해 터져 나온다는 거다. 이런 이야기는 주변에서도 종종 이야깃거리가 된다. 중년에 갑자기 모든 것을 잃을 위험한 사랑에 빠진 사람, 평생 성실하게 모은 재산을 한순간의 일탈로 모두 날려버리는 사람…. 그들이 바로 지랄을 무의식 깊은 곳에 숨기고 있다가 어느 순간에 터뜨리고 만 거다(그러니 아이가 지랄한다고 너무 지랄하지 말자).

그래서 김두식 교수는 '색'을 없앨 수 없다면 속 시원히 인정하자고 권한다. 그리고 고백한다. 대한민국 40대 남성 이성애자 지식인으로서의 자신의 욕망을. 유명해지고 싶다는 극히 개인적인 욕망부터 중년 남성으로서의 욕망, 제때 불태우지 못한 소년의 욕망, 신분 상승이라는 중산층의 은밀한 욕망까지. 대한민국 40대 남성이라면 누구나 생각하지만 아무도 터놓고 말하지 못하는 욕망, 자신의 욕망을 감추기 위해 눈을 희번덕거리며 희생양을 찾으면서 제때 분출하지 못한 지랄을 여기저기 질질 흘리고 있는 그런 자신을 인정하라는 말이다.

김 교수야 그렇다 치고, 대한민국 30대 가정주부로서 나의 욕망은 무엇일까? 나 또한 김 교수만큼은 아니지만 '계'의 세계에 적응하며 살아왔다. 대한민국에서는 '계'의 세계에 익숙해지지 않으면 제대로 살아남기 어려우니 말이다. 동시에 만족하지 못하는 '색' 또한 내 안에서 넘실댄다. 그처럼 넘실대는 '색'의 파도는 드라마 속 주인공들에게 공감하고, 남의 집 사소한 가정사에 이런저런 훈수를 두고, 다른 집 아이들은 무슨 학습지를 하고 어떤 학원을 다니는지 슬쩍 물어보는 찌질함으로 나타난다. 그런 찌질함은 커피숍에서 다른 아주머니들이 나누는 이야기를 몰래 엿듣는 행위에서도 발현된다. 그래, 내 욕망을 솔직히 인정해 보자. 괜찮다잖아.

첫째, 나는 안정적인 삶을 원한다. 아니, 좀 더 까놓고 말하면 돈을 욕망한다. 물론 다다익선이면 좋겠지만, 내 꿈은 소박하다. 그저 일용할 양식 걱정 없고 잠자리 걱정 없을 만큼의 돈. 물론 여기에는 다음 것들도 포함된다. 한 달에 한 번 정도 놀러 가고, 아이 교육시키는 데 인색해지지 않고, 1~2년에 한 번 정도는 해외여행도 가고 (소박한 거 맞지?) 노후에 자식들한테 손 벌리지 않고 마음 편하게 살 수 있는 돈. 욕망은 점점 판타지가 되어간다. 남편에게 물어보았다. "당신은 가장 갖고 싶은 게 뭐야?" 답이 가관이다. 낚시터를 갖는 게 꿈이란다. 이쯤 되면 SF다. 그래, 책에도 돈을 욕망한다는 말은 없었어. 욕망해도 괜찮다는 건 돈이 아닌 다른 것들 이야기인지도 몰라.

둘째, 김두식 교수가 중산층의 '사'자 가족으로서의 신분 상승 욕망을 이야기한다면, 나는 아이 교육을 통한 신분 상승을 욕망한다…고 인정하고 싶지 않지만, 그렇다. 나는 아침마다 다짐한다. 아이의 교육을 통해 대리만족하지 말자고. 내 꿈을 이루고 싶으면 직접 이루자고. 성공하고 싶으면 내 힘으로 이루고, 내 불안과 욕망을 아이에게 투사하지 말자고.

하지만 알고 있다. 이렇게 애써 다짐을 하는 것조차 내 안에 그만큼이나 넘실대는 욕망이 있기 때문이라는 걸. 어찌 되었건 다른 곳보다 두 배나 비싼 어린이집에 보내고, 다른 아이들이 다 한다는 이유로 이런저런 학습지를 알아보고…. 사실 이 모든 것이 내 욕망에서 비롯되었다는 걸.

김 교수는 공부를 통해 '계'의 인간이 되어 계층 상승을 할 수 있다고 생각하지만 나는 신분 상승까지는 바라지도 않는다. 사회적 약자의 삶으로 전락하지는 말았으면, 일용할 양식을 걱정하며 사는 내 삶이 대를 이어 내려가지는 않기를 바랄 뿐.

사실은 공부라는 수단이 아니라면 달리 내 아이의 미래를 대비할 방법과 대안을 나는 알지 못한다. 긍정적이고 행복한 아이로 키우는 게 중요하다는데, 우리 현실에서는 공부를 잘하지 않으면서 긍정적이고 행복한 아이가 되기도 쉽지 않다. 성적과 상관없이 아이가 마냥 행복하려면 집에서 그만큼 받쳐주는 게 있어야 한다. 그게 진실 아닌가? 지난날 덮어놓고 강남 엄마들의 치맛바람을 경멸하던 나는, 놀이터에서 엄마들과 한 시간만 이야기하고 와도 저녁 내내 인터넷 검색에 시간 가는 줄 모른다. 문화센터, 학습지, 영어노래 CD…. 나도 어쩔 수 없는 속물적인 아줌마다.

셋째, 돈이나 아이의 교육 같은 것 말고 나 자신에게도 욕망은 있다. 불량한 주부답게 빨간색 욕망과 정열의 밤 같은 걸 고백할 수 있다면 얼마나 '핫'할까 생각도 해 보지만, '투핫'한 불륜도 '쏘쿨'한 연애도 육아와 가사노동에서 자유로운 자들의 사치일 뿐이다.

내가, 진짜 원하는 건 좋은 글을 쓰는 것, 조금 더 성숙한 인간이 되는 것, 아이들에게 본받고 싶은 부모가 되는 것. 그리고 이 모든 것을 통해 '인정'받는 것. 커피숍에서 그렇게 수다를 떨어대던 아줌마들의 욕망도 결국은 마찬가지 아닐까? 남들에게 뒤떨어지고 싶지 않고, 인정받고 싶은 대한민국 30대 중반 아줌마들의 인정 욕구. 이렇게 '색'으로 시작한 욕망의 사다리는 정점을 찍고 다시 '계'로 귀속된다.

살림을 잘하고, 자아성취를 하고, 돈을 벌고 아이를 잘 키우고 싶다는 내 욕망들은, 결국 '당신은 유능한 사람'이라고 도장 쾅쾅 찍어주기를, 세상이 날 알아주기를 바라는 것인지도 모른다.

그리고 어쩌면 이게 나의 바닥인지도 모른다. 내면의 욕구에 충실해지려는 색과 그럴듯하게 자신을 포장하려는 계 사이에서 갈등하는 나의 바닥.

김두식 교수는 욕망의 정글에서 살아남는 방법을 이렇게 말했다. 첫째, 정신승리법이 필요하다. 둘째, 남들은 나를 그렇게까지 사랑하지 않는다는 것을 인정해야 한다. 셋째, 절교할 용기를 갖고 상대방에게 살벌한 눈빛을 보일 수 있다면 타인과 있어도 괜찮다.

그래, 욕망해도 괜찮다는 건 타인의 욕망이 아닌 진정한 나의 욕망을 마주하는 것일 게다. 이때 바로 지식의 힘이 필요해진다. 내 욕망의 근원을 성찰하고 자신의 바닥을 정직하게 들여다본다면, 진짜와 가짜를 알게 될지 모른다. 그 후에는 김두식 교수의 말대로 경계를 넓힐 수도 있을 것이다.

그렇기에 나는 쓴다, 나의 욕망을. 살림도 잘하고 육아도 잘하고 자아성취도 하고, 덧붙여 돈과 성공을 염원하는 나의 욕망을 밤낮으로 써내려간다. 계의 인간이라고 생각했던 내가 실은 이토록 욕망에 충실한 인간이었다니….

이왕 이렇게 된 거, 더욱더 충실해져야겠다.

늦었어! 늦고 있어!!!
아아 도리안 그레이는 좋겠다...

망했어..
이렇게 쭈그렁 할머니가 되겠지..

노화방지!!
만구전구박구..
풀젤 임박
3 X 19,900

......

기억의 세트구성!

네, 지금 방송에 나오는거.
네... 기초제품이랑 그냥 다 주세요 다!!
A/S 1000% 할인!

강기슭 너머로 몸을 날려라

마루야마 겐지라는 소설가가 있다. 텔렉스 오퍼레이터 (요즘 말로 하자면 팩스 송수신 기술자 정도 되려나?)로 통신사에서 일하던 중 회사가 부도 위기에 처한다. 사내 분위기는 흉흉해지고, 사람들은 하나둘 사직서를 낸다. 남아 있는 사람들은 정리해고의 공포에 쑥덕거린다. 스물세 살의 그는 어수선한 사무실 분위기 속에서 자기 책상에 앉아 소설을 쓴다. 회사 노트에다 회사 볼펜으로 쓴 처녀작을 회사 봉투에다가 회사 풀로 붙여 잡지사로 보낸다. 이렇게 난생처음 쓴 작품으로 그는 「문학계」 신인문학상을 받았고, 일본 문학 사상 최연소로 아쿠타가와상을 수상한다. 회사가 부도가 나면 장사나 해야지 생각하던 찰나에 말이다.

나는 이런 사람, 싫어한다. 이런 얘기를 들으면 질투가 나서 미칠 것만 같다. 물론 겉으로는 아무렇지도 않은 척 웃으며 말할지도 모른다. 진짜 당신의 운명을 찾으셨군요. 운명이기에 처음 쓴 소설이 그렇게나 큰 반향을 일으킬 수 있었던 것이겠죠. 정말 축하해요…. 속으로는 욕을 한다. 그렇게 준비 없이 시작했다가는 하루아침에 망가질 거야. 이번에는 어쩌다 운이 좋았던 것뿐이야. 처음 쓴 소설로 아쿠타가와상이라니. 소설이 그렇게 쉬운 거였으면 소설가가 되지 않을 사람이 어디 있겠어.

물론 유치하다는 거 나도 안다. 나의 내면에 차마 밝힐 수 없을 만큼 유아적인 생각이 똬리를 틀고 있다. 나는 인과응보를 믿으면서 살아왔다. 노력하면 인정받고, 성실하면 성공하고, 더 성실한 사람이 더 크게 성공하고. 책상에 더 오래 앉아 있으면 성적 잘 받고, 연습 많이 하면 우승하고, 착한 일 하면 복을 받고, 사랑하면 사랑받고…. 그렇게 인생은 계획을 얼마나 잘 세워서 착착 실행하는가에 따라 결정이 난다고 믿어왔다. 이에 크라잉넛은 답한다. "닥쳐!"

사실은 우리 모두 알고 있다. 우리가 믿고 싶어 하는 인과관계의 세계, 옛날 옛적 그림동화에서나 이야기하는 결말이라는 거. 아니, 실은 그림동화들도 내용을 자세히 들여다보면 인과관계가 없다. 신데렐라는 성실하고 착해서 사랑받았던 게 아니고, 왕자는 공부 열심히 하고 유학 갔다 왔다고 공주와 왕국을 차지

실적표
슥슥
우리도 대책을
마련해야죠
아뇨!
아닙니다
망하긴은
그럴리가..
관둬야지.
난 벌써
사표냈어.
따르
따르르르르

아쿠야마겐지
..... 편집부

으..

위..

그렇게
상타고
등단했다고?
싫어어!!

하게 된 것도 아니다. 백설공주가 공부를 잘해서 난쟁이들에게
도움을 받은 것도 아니다. 엄지공주도, 백조 왕자도 인어공주도
아니, 세상의 누구도 마찬가지다. 계획대로 열심히 산다고 해서
인생이 계획대로 되는 것은 절대 아니다.

이제는 나도 안다. 인생에는 감히 범접할 수 없는 운명이라는
게 있다는 것을, 이제야 (눈물을 머금고) 인정하게 되었다. 싸구려
점집의 싸구려 위안 같은 운명이 아니다. 때로는 치밀한 각본
따위가 범접할 수 없는 소용돌이에 휩싸일 때가 있다. 정신을
차려 보면 어느새 '운명의 파도'라는 통속적인 표현이 아니고는
설명할 길이 없는 상황에 위태롭게 매달린 자신을 바라보아야
할 때가 있다. 마루야마 겐지가 소설가가 된 이유는 아마도 그
런 것 아닐까?

자, 이젠 어쩐다? 그는 생각한다. 이왕 이렇게 된 거 하나쯤 더
써 보는 것도 괜찮겠지. 한 편이 두 편 되고 두 편이 세 편이 되
고, 그는 전업작가가 된다. 그러고는 계속해서 투덜댄다. 내가
원한 건 이게 아니었어. 제길, 난 소설가가 될 생각 따위 없었단
말이야.

하지만 그는 소설을 잘 쓰기 위해 시골로 이사한다. 생활의
모든 방식을 이전과는 다르게 세팅하고 하루의 일정을 짠다. 소
설을 쓰는 시간과 그 시간을 유지하는 데 필요한 시간으로. 오

직 소설만을 생각하며 소설만을 위한 삶을 산다. 그러면서 자신의 한계를 극한으로 밀어붙인다. 프로페셔널한 소설가로서의 엄정한 각오를 담은 『소설가의 각오 小説家の覚悟』라는 책까지 펴낸다. 나는 그것이야말로 그의 재능이라고 생각한다. 처음 쓴 소설로 아쿠타가와상을 받은 글 솜씨가 아니라, 동기야 어찌됐건 자신의 운명을 믿고 뚝심 있게 나아가는 의지와 용기의 재능 말이다.

무슨 일을 시작하든 우선 고독이라는 강을 건너지 않으면 안 된다. (중략) 그 강을 건너면서, 이건 이래서 좋고 저건 저래서 싫다는 가치 평가를 내려선 안 된다. 싫어도 건너야만 한다. 건너편 강기슭을 노려보면서 단숨에 몸을 날리는 수밖에 없다. 그다음은 강물 속에서 온몸으로 몸부림치면 된다. 그 몸짓은 실로 멋대가리 없다. 강기슭에서 바라보는 인간들은 조소를 금치 못할 것이다. 그냥 웃게 내버려둬라. 건너편 기슭에 도달하고 나서 그들에게 웃음으로 되돌려주면 된다.

— 마루야마 겐지, 『소설가의 각오』 중에서

그는 처음 글을 쓰기 시작할 때 '왜 쓰는가?'에 대한 고민은 하지 않았다고 한다. '왜'는 사실 중요하지 않다. 왜 엄마가 되었는지는 중요하지 않은 것처럼. 이미 소설가가 되었다면 앞으로 어떤 글을 쓰느냐가 더 중요하다. 살아가는 이상 앞으로 어떤 인생을 사느냐가 더 중요한 것처럼 말이다.

생각해 보면 나에게는 분명한 목표나 특별한 꿈이 없었다. 있었다 하더라도 그대로 이뤄지지 않았다. 순간순간의 사소한 선택과 행동들이 씨줄과 날줄로 꼬여 예전에는 상상조차 해 보지 않았던 지금의 내 모습이 됐다. 지금의 나는 전업주부이자 두 남매의 엄마다. 너무나 사랑스러운 아이들이 나에게 두 팔을 뻗으며 "엄마!" 하고 안길 때면 종종 벅찬 감동과 행복을 느낀다. 그런데 왜 나는 여전히 조금 우울한 걸까?

산기슭에 살면서 개나 기르고, 소설 따위나 쓰고, 양지바른 곳에 웅크리고 있다니, 이렇게 비참하게 살 수밖에 없는가. 어쩌다 악덕 부동산업자가 외제차를 몰고 다니면서 땅을 마구 사들이는 것을 볼 때면, 이런 생각도 한다. '아직은 젊다. 자기 주제를 인식하기에는 아직 이르지 않은가. 언젠가는 반드시 이런 생활에 종지부를 찍고 그들처럼 보란 듯이 살 날이 있을 것이다. 그때야말로 있는 지혜를 다 쥐어짜내서라도 속임수와 아첨과 남의 장사를 방해하는 일에 전념해주리라.

온종일 집에서 아이의 기저귀를 갈고 쭈쭈를 주고 집구석에 웅크리고 있다 보면 이렇게 비참하게 살 수밖에 없는 건가 싶어 생각이 많아진다. 언젠가 친구가 1년간의 세계 일주를 떠났다는 이야기를 들었을 때도 이런 생각에 빠져 한동안 헤어나지 못했다. 하지만 아직 나는 젊다. 아직 결혼하지 않은 너보다 내 아이가 더 빨리 클 것이다. 그러니까 나도 언젠가는 반드시 이런 생활에 종지부를 찍고, 있는 지혜를 다 쥐어짜내서 보란 듯이 살아주고 말 테다. 그러기 위해 건너야만 하는 강이라면, 건너편 강기슭을 노려보며 단숨에 몸을 날릴 수밖에.

오늘은 무조건 건배

모유 수유를 막 끊었을 때였다. 임신기간 총 10개월, 출산하고 1년하고도 5개월, 그러니까 500여 일 동안 둘째아이 옆에 딱 붙어 풀서비스를 하면서 얼마나 기다렸던 자유인가. 그동안 그 좋아하는 커피도 하루 한 잔밖에 못 마시고 (그래서 보약 먹듯이 꼭꼭 챙겨 먹었다) 매운 것도 못 먹고 (사실은 조금 먹었다) 과자도 (조금밖에) 못 먹었다. 가장 아쉬웠던 건, 캠핑 가서 까만 밤 타오르는 모닥불을 바라보며 맥주 한 캔 못 뜯고 돌아왔다는 것이다. 그건 정말 눈물 나게 아쉬웠다.

한동안 나는 젖소로 살았다. 젖병을 물지 않는 아이를 위해 24시간 아이가 원하는 때 언제든 '쭈쭈'를 공급했다. 수유 기간에는 자유롭게 나가지도 못한다. 물론 모성에서 비롯된 자연스럽고도 숭고한 생명의 본능이니 정 급하면 어디서든 못 먹일 것

도 없다. 하지만 냄새나는 화장실에서 문 걸어 잠그고 변기 뚜껑에 앉아 젖을 먹인 뒤로는 (강남의 어느 패밀리 레스토랑에서 있었던 일이다) 세 시간 이상 밖에 나가기를 꺼리게 되었을 뿐이다.

그런 모유 수유가 드디어 끝났다! 열흘 정도는 힘들었다. 아이는 밤에도 쭈쭈 달라고 울어 젖혔다. 그러다 결국은 포기하고 밤에 깨지 않고 잘 자게 되었다. 야호! 당장 약속을 잡았다. 전에는 언감생심 꿈도 못 꾸던 저녁 약속을, 그것도 강남역에서! 남편에게 간신히 허락(?)을 받아 토요일 오후 다섯 시에 강남역으로 향했다. 누난 강남스타일~.

얼마 만에 나간 주말 저녁의 유흥가던가. 그런데 촌스럽게 입고 나온 건 아닌가, 동기 중에는 아직 미혼도 많은데 너무 아줌마 티 나는 건 아닌가, 신경이 이만저만 쓰이는 게 아니다. 하지만 그도 잠시, 번쩍이는 네온사인과 거리를 가득 메운 선남선녀들, 쾅쾅 울려대는 음악 소리에 촌년처럼 황홀경에 빠지고 말았다. 밤의 유흥가는 공기마저 다르다. 오랜만에 만난 동기들이 물었다. "밥 뭐 먹을까?" 나는 버럭 화를 냈다. "아니, 무슨 소리야! 나 모유 수유 끊었단 말이야. 지난 2년간 맥주 한 모금 마셔본 적 없는데 밥은 무슨 밥? 오늘은 무조건 술이다!"

요네하라 마리의 『속담인류학他諺の空似』에는 다시없는 애주가였다는 저자의 아버지에 대한 이야기가 나온다. 그 아버지가 음주를 정당화하는 이야기는 이렇다.

"인간의 머리회전도 같은 거야. 뇌수도 가장 멍청하고 유약한 뇌세포의 속도보다 빨리 회전할 수 없는 구조로 돼 있어. '알코올을 너무 섭취하면 뇌세포를 파괴한다. 그러니 음주는 적당히 해라.' 따위의 그럴듯한 논리를 늘어놓는 자들이 있는데, 물소 무리와 마찬가지로 알코올 때문에 파괴되는 건 가장 약하고 느린 뇌세포야. 말하자면, 매일 술을 마시면 느린 뇌세포를 파괴해주니까 결과적으로 뇌수 전체의 움직임은 빠르고 효과적으로 되는 거야."
"아버지, 머리 회전이 너무 빠르면 힘들잖아."
"그러니까 그걸 담배로 조절하는 거잖아."
 ―요네하라 마리, 『속담 인류학』 중에서

어쩐지, 내가 요즘 머리회전이 잘 안 된다 싶었던 이유가 알코올 섭취를 하지 않아서였다. 맥주를 들이켜기 시작했다. 캬~ 좋다! 이게 바로 영화 「타짜」에서 정 마담이 말하던, 원래 손발이 막 차고 그랬는데 화투패만 잡으면 혈액순환이 확 되는 그런 기분인가. 하긴 알코올이나 담배나 도박이나 사이좋은 친구들이긴 하지. 옆에서는 동기들이 이것저것 안부를 묻고 저희들의 근황을 말하기 바쁘다. 시시하게 안부는 무슨! 이 알싸한 거품,

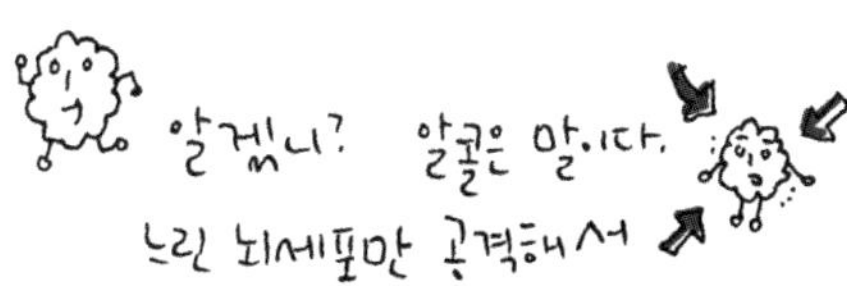

알겠니? 알콜은 말이다.
느린 뇌세포만 공격해서
뇌 활동을 빨라지게 해주지.

너무 빠르면
또 힘들잖아요?
FAST
....

짜식, 그래서
담배를 피우는거야!!!
느리광!!

상쾌한 목 넘김, 가슴속까지 시원해지는 술부터 먹고 보자고.

얼마나 시간이 지났을까. 술에 취해 신나게 떠들고 있는데 전화가 왔다. 앗, 집이다! 시계를 보니 아홉 시. 아홉 시까지는 집에 들어가겠다고 약속했었지. 잠시 머리를 굴렸다. 옆에서 전화 안 받고 뭐하냐고 툭툭 친다. 5초간 고민하다 핸드폰을 가방 안에 집어넣었다. 내가 무슨 신데렐라도 아니고 (신데렐라도 아홉 시에는 안 들어간다) 어떻게 나온 집인데, 이대로 끝낼 순 없다.

그 뒤 몇 시간 동안 "어떻게 나온 집인데!"를 연발하며 부어라 마셔라 건배를 해댔다. 결국 자정이 조금 넘은 시간, 떡은 사람이 될 수 없지만 사람은 떡이 될 수 있다는 걸 몸소 증명해 보이며 집으로 돌아왔다. 비틀거리며 현관에 들어서자 남편이 굳은 표정으로 한마디 한다. "내일 얘기하자".

다음 날 아침, 미안하고 창피한 동시에 속 쓰리고 어지럽고 머리가 아픈 상태로 눈을 떴다. 집에 있기도 민망해서 큰아이를 꾀어 아이스크림을 사러 나갔다. 아무것도 모르는 얼굴로 "엄마, 아침에 일어나 보니까 옆에 있더라"며 신나게 아이스크림을 퍼먹는 아이를 보니 눈물이 찔끔 나올 정도로 사랑스럽다.

그 다음은 남편. 뇌물용으로 사들고 간 아이스크림을 끌어안고 한참을 퍼먹고는 어제는 재미있었느냐고 물어본다.

"응, 일찍 들어오려고 했는데, 오랜만에 만났다고 애들이 자

꾸 건배하잖아…. 아 참, 자기도 아는 K 있지, 걔 회사 옮겼대.”

애써 다른 화제로 남편의 주의를 분산시켰다.

“그래? 어디로 옮겼대?”라며 관심을 보이는 우리 남편은 얼마나 바다와 같은 마음을 가진 너그러운 사람인가. 엄마 쭈쭈 안 찾고 밤사이 푹 잠든 둘째는 또 얼마나 예쁜지. 갑자기 내 가족이 무한 사랑스럽다. 아, 내 소중한 가족들, 이쁜 새끼들, 그리고 평온한 일요일 아침, 고맙고 고마워라.

『속담인류학』에는 이런 내용도 나온다. 담배를 끊으면 수명이 연장된다고 보장하는 의사에게 한 골초 환자가 말한다.

“그래요, 선생님! 맞아요. 지난 일요일에 돈도 바닥나고, 어디 빌릴 데도 없어서 하는 수 없이 담배를 한 개비도 입에 대지 않았어요. 몇 년 만이던가. 그날 하루는 정말 길었지, 정말 길었어. 정말 선생님 말씀대로 담배 안 피우면 인생이 길어져요. 정말 지긋지긋할 정도로 길어져요.”

그래, 술을 멀리하는 동안은 인생이 얼마나 길던지. 그에 비해 술 마시는 시간은 얼마나 눈 깜짝할 새 지나가던지. 게다가 마시고 난 다음 퐁퐁 솟아오르는 가족에 대한 무한애정까지. 그러니 가끔 나에게 알코올을 허하라!

재테크에 관하여

한때는 나도 괜찮게 산다고 생각했다. 떵떵거리는 큰 부자는 아니지만, 맞벌이하면서 부부 연봉 합산하면 적지 않은 수입이었고 바빠서 돈 쓸 시간조차 없던 시절에는 몇 년 안 가 우리도 임대소득 몇 십만 원 정도는 받을 수 있을 줄 알았다.

하지만 내가 회사를 그만두고 (즉, 소득의 반이 줄고) 남편의 회사와 가깝다는 이유만으로 비싼 아파트를 구하고(그것도 대출받아서), 아이를 갖고, 생활비가 배로 들고… 모든 걸 한 사람의 연봉으로 해결하면서부터 적금 깨는 건 시간문제일 뿐이었고 짬 날 때 들어두었던 펀드마저도 모조리 해지해야 했다. 여기까지는 그나마 괜찮았다. 둘째는 태어나기 전이었고 큰애가 일반 어린이집에 다녔으니까. 하지만 아파트상가에 있는 (동네에서 가장 싸다는) 영어 어린이집에 큰아이를 보내고, 둘째가 태어나고부

터 모든 것이 달라졌다. 돈에 쪼들리게 된 것이다.

한 달에 한 번 아이의 어린이집비를 내고, 새 학기가 되면 교재를 사야 한다. 하루 세끼 밥을 먹어야 한다. 추우면 난방을 하고 더우면 에어컨을 켜야 한다. 철이 바뀌면 쑥쑥 크는 아이의 옷도 장만해야 한다. 계산기를 두드리다 보면 나오는 건 한숨뿐. 숨 쉬는 것 빼고 하나부터 열까지 돈이 든다.

집에 있는 책을 쭉 훑어보면서 제목에 '부자', '노후', '돈', '통장'이라는 단어가 들어간 책만 뽑아 차곡차곡 쌓아 보았다. 열 권이 훌쩍 넘는다. 그래, 이 책들을 읽으면 부자가 될 거야. 혹시 알아? 재테크에 성공해서 나도 재테크 성공담을 책으로 쓸 수 있을지. 그럼 그걸로 또 돈을 벌고 돈 놓고 돈 먹기. 책을 다 읽기도 전에 벌써 빌딩 몇 채 가진 부자가 된 것 같다.

그런데 어쩌지? 책을 읽을수록 마음은 더욱 불안해진다. 어서 빨리 돈을 모으란다. 마흔이 될 때까지 10억쯤 모아놓지 못하면 『크리스마스 캐럴^{A Christmas Carol}』에 나오는 스크루지 영감마냥 누구 하나 찾아오는 사람 없이 두고두고 후회하며 우울하게 살아야 한단다. 그런 협박성 글들을 읽는 것만으로도 벌벌 떨려 나도 모르게 애원했다. 알았어, 알았다고. 이제부터 열심히 하면 되잖아. 근데 어떻게 해야 하는데? 저자들은 답한다. '연금과 보험과 펀드를 들지어다. 그러면 너는 우울한 스크루지 영감에서 모두에게 환영받는 인기 할머니가 될 수 있다.' 그렇지, 주변에 사람이 있으려면 돈이 없으면 안 되겠지. 그리고 재테크 책에는 불안감 조성이 필수이고.

그들은 말한다. 돈을 모아라. 그것도 지금 당장! 자녀교육, 주택자금, 노후준비의 해답은 '복리의 마법'에 있다. 시간은 우리 편이니 적은 돈이라도 쌓아놓으면 계속 불어난다…. 그래, 나도 하루라도 빨리 시작하고 싶어. 하지만 저금할 돈이 없는데 어쩌면 좋지? 하는 수 없다. 아껴 쓸 수밖에. 자기계발에 투자해 소득을 높이고 종잣돈을 만드는 거다.

금숟가락 물고 태어나지 않은 다음에야 아이 교육하고 집 사고 노후에 사람대접 받으며 살기 위해서는 무리해서 일해야만 하고, 모아야만 하고, 뛰어야만 한다. 쳇, 정말 너무하다.

투덜대면서도 결의를 단단히 했다. 열심히 해 보리라. 일단 가계부부터 쓰기 시작했다. 반찬값을 아껴 보겠다고 (은유적인 표현이 아니다) 냉장고가 텅텅 비도록 마트 문지방에 발을 들이지 않았다. 당근은 귀퉁이 조금도 남기지 않았다. 달걀도 마지막 한 알까지, 라면도 마지막 봉지를 탈탈 털어먹을 때까지. 기저귀 값도 아끼려고 천 기저귀를 샀다. 좀 더 알뜰하게 장을 보기 위해 이마트와 하나로마트와 코스트코 사이를 방황했다. 0.01퍼센트라도 금리가 높은 곳을 찾아 발이 부르트도록 은행을 돌아

다녔다.

한 달이 지났다. 엑셀로 그래프를 만들어 지출 추이를 분석했다. 식비가 10만 원 정도 줄었다. 하지만 어느새 아이와 남편은 집에서 밥 먹는 걸 싫어하게 되었고 (사실은 내가 제일 싫었다) 기저귀 빨래 고작 두 번 하고는 허리가 아파 침 맞는 데 돈이 더 나갔다. 침을 맞고 집으로 돌아오는데 한숨이 절로 나왔다. 정말 이렇게 살아야 하는 걸까?

통장을 몇 개 나누어서 체계적으로 관리하고 종잣돈을 만들면 내 인생이 찬란한 장밋빛이 될 거라고 주문을 외며 가계부를 써왔다. 그런데 왜 이렇게 찜찜한 걸까? 인정하고 싶지 않지만 그렇게 악착을 떨어 봤자 겨우 몇 천 원 아끼는 거 아닌가? 이런다고 정말 내 미래가 달라지긴 할까? 아무리 복리의 마법을 강조한다 해도 이자율보다 물가상승률이 더 높은 지금 시점에 이 얘기들을 곧이곧대로 믿어도 될까?

달걀 한 판을 들고 장에 가던 소년의 우화가 생각난다. 소년은 생각한다. 달걀을 팔아 염소를 사고, 염소를 팔아 소를 사고 마침내 집을 사야지. 꼬리에 꼬리를 무는 상상이 너무 황홀해 눈을 감는 순간, 돌부리에 걸려 넘어지면서 달걀이 다 깨지고 만다. 저녁마다 가계부를 쓰고 엑셀 프로그램을 돌리며 오늘은 얼마나 절약했나 셈해 보고 잠자리에 들 때면 어김없이 우화에 나오는 소년이 생각났다. 돈 아끼고 열심히 모으면 언젠가 부자가 된다는 말은, 사실 소년의 꿈 같은 게 아닐까? 말이야 바른말이지, 재테크 책 몇 권 보고 허리띠 졸라맨다고 부자가 된다면 부자 아닐 사람이 없을 테니 말이다.

아이폰 앱 중에 '숨만 쉬고 모으면'이라는 심심풀이용 앱이 있다. 사고 싶은 물건을 입력하면 하루에 얼마씩 어느 기간 동안 모아야 하는지를 알려주는 앱이다. 건대 입구 부근 65평 '까페베네' 사는 거, 어렵지 않아요. 오늘부터 하루에 5만 원씩 모으면 2049년 10월 23일에 살 수 있어요. '반포 자이' 25평 사는 거, 어렵지 않아요. 오늘부터 하루에 5만 원씩 모으면 2086년 2월 20일에 살 수 있어요. 이런, 내가 너무 거창한 것만 골랐나? 그럼 여자들의 로망이라는 명품 가방 '에르메스 버킨 백'으로 입력해 본다. 오늘부터 하루에 2만 원씩 모으면 2015년 3월 7일에 살 수 있어요. 젠장, 욕이 절로 나오는구나.

돈 안 쓰고 숨만 쉬면서 모아도 내 인생에 반포 자이는 물론 명품 핸드백 하나도 꿈꿀 수 없다. 결국 조금만 아끼고 시스템만 잘 짜면 부자가 될 수 있다고 장담하는 재테크 책들은 우리 시대의 마약과 같다. 책을 읽으면 절로 부자가 될 것 같은 환상을 심어주고, 돈 없으면 삶이 힘들고 외로워질 것만 같은 불안과 공포를 조장하거나 심화한다. 그 또한 우리의 불안을 인질

삼아 책을 사게 하려는 마케팅의 하나일 뿐이면서.

아껴서 모은 10만 원으로 와인을 한 병 샀다. 집에 있는 재테크 책들을 모두 모아놓고 화형식을 해야지. 그 넘실대는 불꽃 앞에서 와인을 마셔주리라. 재테크 책을 모두 쌓았지만 차마 태우지는 못했다. 대신 중고 책방에 팔기로 했다. 역시나 재테크 책은 마지막까지 몇 푼의 돈을 안겨주면서 제 할 도리를 다했다. 그리고 와인은 엄청나게 달콤했다.

마약 같은 판타지에 넘어가지 않고, 마케팅에 속지 않으려면 방법은 단 하나, 어떤 삶을 지향하고 어느 수준에서 만족할 것인지에 관한 명확한 자기 인식뿐이다. 그게 없다면 창업을 하고 에르메스 버킨 백을 메고 반포 자이에 산다 해도, 언제나 돈이 모자라 쩔쩔매며 궁상떨고 있지 않을까?

몸의 노래

컨디션이 영 좋지 않다. 아침에 일어남과 동시에 어깨가 결린다. 아이들도 몸이 좋지 않다. 최근 한 달 내내 큰애는 중이염, 둘째는 축농증에 시달렸다. 걸렸다가 나았다가 다시 걸렸다가 낫기를 반복하고 있다. 밤에 잠이 들 만하면 코가 막혀 울어대는 통에 나까지 잠을 설쳤더니 몸 상태는 더욱 바닥이다. 그런 날이면 어김없이 골반부터 시큰거린다. 그렇지만 아이 키우는 엄마들 중에 어깨, 다리, 허리 통증 없는 엄마가 어디 있나. 아니, 마음껏 아플 수 있는 엄마가 어디 있겠는가.

하지만 심각한 병이 난 것도 아니고, 크게 아프지도 않았고, 그냥저냥 살 만했다. 그게 문제였다. 참고 살 만하니까 머리가 아프다고 해도, 넘어져 다리에 멍이 들고 다쳐도 가족이나 주변 사람들은 대수롭지 않게 여겼다. 아직은 젊으니까, 운동을 하고

다이어트만 하면 당연히 해결될 증상이니까. 해야겠다 생각만 할 뿐 절대 실행에 옮기지 않는 수영과 헬스와 다이어트가 점점 막연한 목표가 되어가는 이상한 순환. 언제든 가질 수 있는 허망한 희망이 있기에 아직은 살 만하다며 그냥 버텼다.

지난해 초, 남편이 경련증상을 호소했다. 스트레스를 받으면 머리 한쪽 부분과 얼굴이 부들부들 떨린단다. 30대 중반에 벌써 중풍이 오는 건가 싶어 겁이 더럭 났다. 병원에 갔더니 CT에 MRI까지 찍어보란다. 진단 결과 3차 신경통이고 심하면 뇌수술까지 해야 한단다. 그러는 동안에도 증세는 더욱 심해졌다. 무서웠다. 한의원에 갔다. 수승화강水昇火降이 되지 않아 오는 병이란다. 스트레스가 심한 데다 날이 추워서 더 그렇다고 한다. 한약을 두 달간 꼬박 지어먹고 날이 풀리자 조금 나아진 것 같았다. '다시 살 만해진' 거다. 그리고 언제 그랬냐는 듯 그 일도 잊었다.

이번에는 가까운 지인의 이야기다. 착하고 예쁘고 심성 여린 그녀는 3년 전 큰 충격을 받을 일이 있었다. 주변에서 걱정이 많았지만 정작 본인은 담담했다. 참으로 다행이었다. 그런데 다리가 부쩍 아프단다. 회사는 그만두었고 남자친구와도 헤어졌다. 다리가 아파 온종일 집 안에만 있다고 했다. 결국 수술을 받았다. 이제 다 괜찮아지겠거니 했는데 나을 만하면 넘어지는 거였다. 나을 만하면 다치고 나을 만하면 또 다쳤다. 마지막으로 만났을 때는 삐쩍 말라 밥도 못 먹고 내 눈을 제대로 쳐다보지도 못했다. 생각이 많아 잠도 잘 못 잔다 했다. 밤낮이 바뀌고 힘이 없고 사람들 만나기 싫은 것 말고는 모두 괜찮다고 했다. 그게 진정 괜찮은 걸까?

한 달 전, 그 친구가 입원을 했다. 그것도 정신병원의 폐쇄병동에. 병명은 심각한 우울증과 정신분열이었다. 드라마에나 나올 법한 이 놀라운 반전에 난 할 말을 잃었고 정신병원 폐쇄병동이 가지고 있는 은유가 어쩔 수 없이 떠올라 심장은 기쁨을 잊었고 간은 화가 났고 폐가 슬펐고 신장이 무서웠다. 그녀를 위해 아무것도 해줄 게 없다는 게 속상했다. 그 상태가 되도록 아무것도 몰랐다는 나의 무지가 두려웠다.

그때부터였던가. 마음이 아픈 게, 스트레스가 쌓인다는 게 어떤 것인지 알고 싶었다. 그것이 무엇이길래 사람마다 다르게 반응할까? 똑같은 상황에서도 어떤 사람은 훌훌 털고 일어나는데 어떤 이는 왜 끝내 무너지고 마는 걸까? 왜 어떤 감정은 기어이 위경련이 일고 헛것이 보이고 다리를 절게 하는 것일까? 왜 나았다가도 시간이 지나면 도로 제자리로 돌아가고 마는 걸까?

눈으로 보이지 않는 내 몸과 내 몸에 느껴지는 상태의 관계를

알고 싶었다. 내 몸이 나도 모르는 사이 아프고 병들 수도 있다는 게 무서워졌다. 게다가 날씨가 추워지면서 남편의 이상증세가 다시 시작되었다. 이젠 정말 죽느냐 사느냐의 문제인 거다.

고미숙 선생은 말한다. 인간은 평생 단 하나의 병만 앓는다고. 병은 당신의 생활습관과 삶을 바꿀 때가 됐음을 알려주기 위해 몸이 보내는 신호라고. 병을 격리시켜 병 자체만 낫게 해서는 삶이 달라지지는 않는다고. 우리의 몸, 우리의 삶 자체를 바라보는 관점을 바꾸고 몸이 보내는 신호를 제때 알아차리지 못하면 자기 몸의 주체가 아닌 대상으로서만 살게 될 거라고. 따라서 병이 있음에도 불구하고 사는 게 아니라 병이 있어서 사는 거라는 이야기다.

한마디로 충격이었다. 생각해 보면 내 몸에 대해 아는 게 하나도 없었다. 물론 보이는 것에 대해서는 조금 안다. 출산 후 허리는 두툼해졌고 허벅지는 오히려 얇아졌다. 하지만 속살 너머 안쪽에 있는 오장육부가 어떻게 활동하는지, 내 피는 신선한지, 내 정기는 씩씩한지, 내 똥이 건강한지는 모른다. 내 몸속에 무엇이 어떻게 살아가고 움직이는지를 한 번도 궁금해한 적이 없다. 그저 아프면 병원에 가서 의사선생님의 손에 모든 것을 맡겨버리곤 했다. 단 한 번도 의심하지도, 생각하지도 않은 채 서

비스중독에 빠져서 말이다.

『동의보감東醫寶鑑』에는 정精-기氣-신神과 오장육부에 관한 이야기가 나온다. 오장육부는 단순히 숨을 쉬고 소화만 하는 기관이 아니다. 이것들은 감정의 주축을 이룬다. 시간의 흐름과 계절의 흐름에 반응하고 인간의 생애와 연동하며 우주와 연계한다. 목·화·토·금·수 오행은 계절과 기운, 오행과 방향뿐 아니라 맛과 색까지 주관한다. 목은 간/담과 화냄을 담당하고, 화는 심/소장과 기쁨, 토는 비/위와 생각, 금은 폐/대장과 슬픔과 우울을 주관한다. 수는 신/방광과 공포·무서움을 담당한다. 이것들은 서로 생하거나 극한다.

예를 들어 생각을 주관하는 비위가 활발하면 창의적인 아이디어가 떠오르고 사고력이 높아진다. 반대로 비위의 상태가 좋지 않으면 잡생각이 많아진다. 좋은 생각이 아니라 눈치와 견제, 자의식이나 인정 욕망 같은 것들 말이다. 이어 소화불량에 시달리게 된다. 현대인에게 신경성 위염이 많은 것도 비위에 문제가 있기 때문이란다. 그렇게 비위에 생긴 문제는 자식인 폐에 영향을 준다. 그러면 폐가 담당하는 슬픔과 우울함이 늘어나고, 다시 폐의 자식인 신장에 영향을 준다. 이때 신장이 주관하는 공포와 무서움이 따라오면 뼈가 말썽을 일으키게 된다.

현대인에게 흔히 나타나는 증상은 대부분 '음허화동陰虛火動'

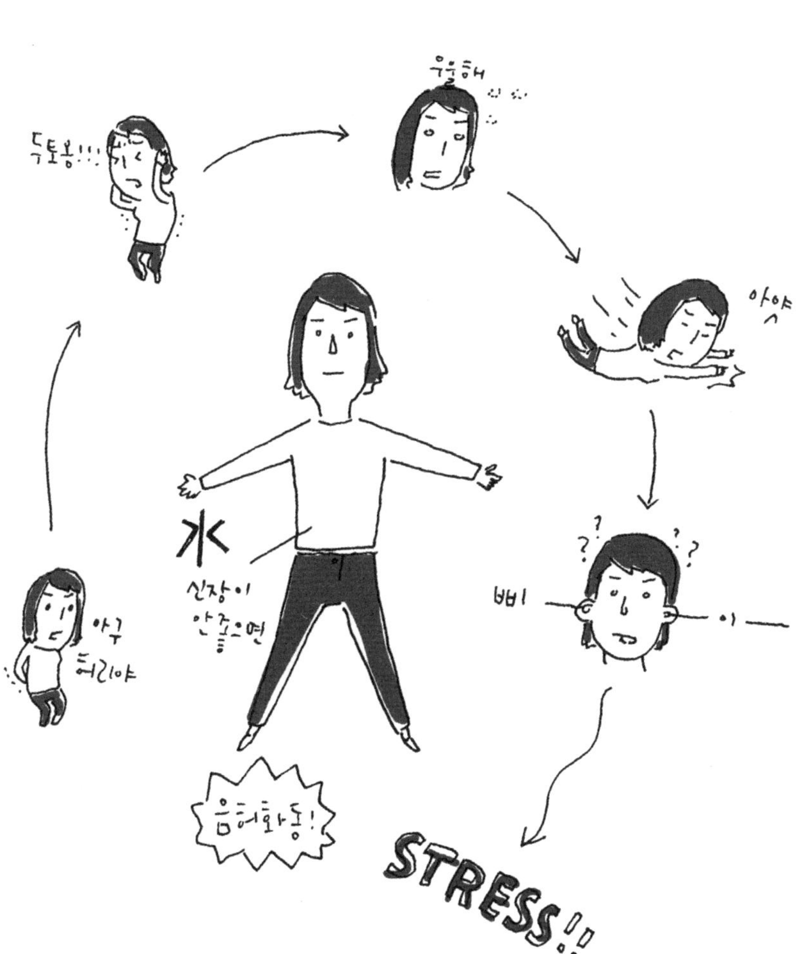

두토봉!!!
우울해
아야
신장이 안좋으면
水
아구 허리야
음허화동!
삐ㅣ
?
STRESS!!

때문이란다. 음기가 부족하여 열과 땀이 많아지고 기가 쇠해진다는 뜻이다. 우리 몸은 심장의 불이 아래로 내려오고 신장의 물이 위로 올라가는 순환이 잘되어야 건강하다. 그런데 현대인은 하체를 거의 쓰지 않는다. 자동차와 자동차 사이를 공중부양할 뿐이다. 그러니 자연히 신장이 약해지고 신장이 주관하는 물이 위로 올라가질 못해 심장의 불이 제멋대로 솟구친다. 여성들이 감정조절에 어려움을 겪고 툭하면 눈물을 흘리거나 피해망상에 시달리는 게 다 이 증상이다. 심해지면 강박증이나 분열증으로 발전한다.

위로 올라가지 못하고 신장에 쌓인 음은 썩는다. 고인 물이 썩는 것이다. 그렇게 해서 무릎이 상하고 자궁에 질환이 생기며 부종이 생긴다. 신장이 시원치 않으면 머리로 화가 뻗쳐 뇌가 원활하게 작용하지 못하므로 건망증이나 치매, 우울증이 온다. 또한 신장은 골수와 뼈를 주관하기 때문에 걸핏하면 넘어지거나 자주 삐는 것도 신장의 문제라고 볼 수 있다.

이 모든 증상이 완벽하게 지인의 증상과 맞아떨어졌다. 생각해 보면 남편의 증세 역시 다르지 않았다.

병을 고치려면 일단 통증을 가라앉히는 것도 중요하지만, 더 시급하게는 몸의 조절능력을 향상시키는 것이 관건이다. 그렇게

해야 비로소 몸에 대한 주도권을 확보할 수 있다. 주도권의 확보란 다시는 병에 걸리기 전의 상태를 반복하지 않겠다는 선언이기도 하다. 이런 결단이 없이는 병을 치유했다고 할 수도 없다. 왜냐하면 일단 회복되고 나면 본래의 패턴을 반복하기 때문이다. 다시 과식과 과로, 과음이 기다리는 세상으로 되돌아가는 것이다. 그러면 당연히 병도 되돌아온다. 약간 스타일과 형식만 바꾼 채. 이것이 바로 윤회다. 누군가 그랬다던가. '사람은 평생 단하나의 병만을 앓는다'고. 따라서 병을 치유한다는 건 이 윤회의 사슬을 끊는 것을 의미한다."

― 고미숙, 『동의보감, 몸과 우주 삶의 비전을 찾아서』 중에서

병이라는 게 어찌할 수 없는 존재론적 문제라면, 최대한 건강을 유지하며 사는 방법은 무엇일까? 고 선생은 몇 가지를 주문한다.

첫째, 음허화동에서 수승화강으로. 일단 하체를 많이 써야 한다. 제기차기, 자전거 타기, 달리기, 108배 등등. 제일 좋은 건 단연 '걷기'이다. 둘째, 지나가는 것은 지나가게 하라. 슬픈 일이 오면 슬픔 자체가 되고 분노할 일이 오면 분노 자체가 되고, 기쁨이 오면 기쁨 자체가 되게끔 두라. 추울 때는 추위가 되고 더울 때는 더위가 되어라. 그리고 그 모든 것을 지나가게 하라. 셋

째, 글을 쓰라. 직시하고 성찰하고 수렴하라.

고 선생은 이 책의 마지막에서 크리스티안 노스럽의 책『여성의 몸 여성의 지혜Women's Bodies, Women's Wisdom』를 인용하며 말한다. "우리가 기다렸던 사람은 바로 우리다. 고로 우리는 우리 자신을 구원해야 한다." 그래, 내가 나를 구해야지 누가 구하겠는가. 남편과 나를 위해 커플 등산화를 사야지. 그리고 나는 계속 글을 써야지.

피로한 사회

회사를 그만둔 뒤였다. 회사에 나가지 않으니 거짓말이 아니라 진짜로 미쳐버릴 것 같았다. 손은 불안하게 떨렸고 아침마다 오늘 해야 할 일의 리스트를 꼽다가 짜증이 폭발하곤 했다.

종일 아이와 혀 짧은 대화를 하다 보면 명치끝이 답답해졌다. 일하지 않는 시간이 길어질수록 초조하고 불안했다. 집안일을 열심히 해 봐도 공허함만 깊어졌고 급기야 애꿎은 아이를 잡기 시작했다. 치맛바람 휘날리며 교육에 열 올리는 엄마들의 심정을 알 것 같았다. 내 안에 이렇게나 인정 욕구가 넘실대고 있었던가, 생각할 때도 내가 병들었다는 건 몰랐다. 그러던 어느 날, 남편이 회사를 그만둘까 고민하는 모습을 보고 과민하게 반응하는 나를 보았다.

남편은 시골로 내려가고 싶다고 했다. 마당이 있는 집에서 아들과 뛰놀며 살고 싶단다. 회사생활이 지긋지긋하다고 했다. 그래, 많이 힘들었겠지. 다른 곳에서 새롭게 시작하는 것도 괜찮겠지. 시골에서 자연과 접하는 삶, 얼마나 좋겠어? 머리로는 이렇게 생각하면서도 이상하게 기분이 나빠졌다. 시골에 무작정 가면 어쩌겠다고? 뭐 먹고살 건데? 계획은 있는 거야? 귀농을 하겠다든가, 장사를 시작하겠다든가, 뭔가 생각해놓은 대안이 있냐고.

남편은 담담하게 말했다.

"일단 내려가서 찬찬히 찾아보자."

어이가 없었다. 속 편한 학생도 아니고 내일모레면 나이가 마흔인데, 하루아침에 일을 그만두고 이제 와 대안을 모색하자고?

"자기야, 정말 계획이 하나도 없어? 취직이나 장사나 뭐 그런 거 하나도 생각한 거 없어? 그냥 직장 다니기 싫다, 아이랑 시골에서 살고 싶다… 이런 막연한 거 말고 다른 이유가 있는 거야?"

"지금 내려가지 않으면 평생 마당 있는 집에서 못 살 것 같아."

"혹시… 트랙에서 내려오고 싶은 거야?"

"응, 너무 피곤해."

후회가 밀려왔다. 이럴 줄 알았으면 남편이 일을 그만두라고 했어도 그만두지 말걸. 어떻게든 악착같이 다닐걸. 남편이 이렇

게 힘들어할 때 '지금까지 고생했어. 좀 쉬어.' 하고 쿨하게 얘기해줄 수 있었을 텐데. 지금처럼 날을 세우고 닦달하는 대신 지친 어깨를 안아줄 수 있었을 텐데.

그 다음엔 화가 났다. 그건 너무 쉬운 선택 아닌가. 비겁하게 도망치는 것 아닌가. 피곤하고 힘들 때 누구는 그만둘 줄을 몰라서 꾹 참고 사나? 한번 트랙에서 내려오면 다시 올라갈 수가 없기 때문이다. 어떻게 하고 싶은 것 다 하면서 사나? 농사는 아무나 짓고 장사는 아무나 하나? 먹고사는 건 누구에게나 쉬운 일이 아니다. 하고 싶지 않아도 해야 하니까 다들 참고 사는 거 아니겠어? 그게 어른이 사는 방법이잖아. 남편이 말하는 '대안 모색'은 말이 좋아 모색이지, 나쁘게 말하면, '부모가 마련해준 전세금 까먹으면서 아이 얼굴만 쳐다보고 사는 것' 아닌가? 그건 대안의 삶이 아니라 결국 회피일 뿐이다. 새로운 삶을 개척하는 선구자가 되겠다지만, 결국 부모님 등치는 낙오자 아니냐고 차마 말할 수는 없었다.

그런데 생각할수록 이상하다. 남편은 새로운 무언가를 찾아보겠다고 한다. 그래, 그럴 수 있어. 얼마든지 이해할 수 있는 일이잖아. 놀라 까무러칠 일이 결코 아니다. 그런데도 그 선택이 입에 걸린 가시 같다면, 내 안에 다른 무엇이 있는 건지도 모른다. 사람들은 돌을 던질 때 자기 안의 무언가를 투사한다는데,

나는 과연 무엇을 투사하고 있는 걸까?

시골생활이 불편할까 봐? 그래, 그것도 맞다. 하지만 그곳도 사람 사는 곳이고, 지리산 산골에 천막 치고 지낼 것도 아닌데 (그럼 또 어째서?) 무서울 게 뭔가. 당장 먹을거리가 걱정되어서? 우선은 실업급여가 나올 테고 6개월까지 대안을 찾아보자 했으니 열심히 고민하고 할 일을 알아보면 된다. 부모님 등쳐먹을까 봐? 그건 부모님의 문제다. 트랙에서 스스로 내려오겠다는 남편이 한심해서? 글쎄….

내게는 이런 속마음이 있었는지 모른다. 나는 떠밀려 내려왔는데 내가 그토록 돌아가고 싶은 트랙에서 스스로 내려오다니, 팔자 좋구나. 이런 비꼬는 마음이 있었다는 걸 인정하지 않을 수 없다. 그런데 여전히 내 마음속에는 나를 불편하게 하는 무언가가 있다. 대체 뭘까?

'좋겠다'? 내 머릿속에 떠오르는 단어에 깜짝 놀랐다. 좋겠다고? 사실은 나 역시 그러고 싶었는지 모른다 다른 사람이 뛰고 있는 트랙을 부러워하고, 끼어들기 위해 눈치를 보며 전전긍긍하는 대신 나만의 트랙을 만들고 싶은 것인지도. 남의 눈치 보지 않고 성과에 목매달지 않고 나만의 삶을 살고 싶다. 하지만 용기가 없는 나는 생각도 못한 삶을 저질러버리려는 남편을 부러워할 뿐이다.

『피로사회Müdigkeitsgesellschaft』라는 책에서는 지금 우리가 사는 사회를 '성과사회'라고 규정한다. 성과사회의 그림자가 바로 피로사회다. '할 수 있다'고 외치는 긍정성의 과잉 환자들로 가득한 사회다.

> 부정성에 의해 제약받지 않는 긍정성은 긍정성의 과잉으로 귀결되며 타자의 위협이나 억압과는 다른 의미에서 자아를 짓누른다. 오직 자신의 능력과 성과를 통해서 주체로서의 존재감을 확인하려는 자아는 피로해지고, 스스로 설정한 요구에 부응하지 못하는 좌절감은 우울증을 낳는다.
>
> — 한병철, 『피로사회』 중에서

저자는 이러한 사회적 변화를 다음과 같이 요약한다. "규율사회의 부정성은 광인과 범죄자를 낳는다. 반면 성과사회는 우울증 환자와 낙오자를 만들어낸다."

남편은 성과사회가 만들어낸 낙오자(라 표현하면 미안하지만)일지도 모른다. 나는 성과를 통해서만 존재감을 확인하는 우울증 환자(라 쓰니 우울해진다)일지도 모른다. 나는 병들었다. 인정중독과 긍정성의 과잉, 오직 성과를 통해서만 존재감을 확인받으려는 자아는 다름 아닌 나 자신의 모습 아닌가.

다시 남편의 선택을 돌아본다. 남편은 모두가 가는 트랙을 더 이상 달리지 않겠다고 한다. 진지하게 앞날을 다시 설계해 보겠다고 한다.

『삼미 슈퍼스타즈의 마지막 팬클럽』에서는 말한다. 진짜 인생은 삼천포에 있다고. 자신의 시간을 온전히 즐길 수 있는 삶을 사는 사람이 진짜 챔피언이라고. 『월든^{Walden}』은 또 얼마나 감동적인가. 이 책을 읽다 보면 우리가 사는 세상이 얼마나 헛되고 세속적인지 깨닫고 허망함을 느끼게 된다. 『남쪽으로 튀어^{サウスバウンド}』도 있다. 자본주의 도시에 살면서 타자의 삶을 욕망하며 사는 게 정답이 아니라는 것쯤은 우리도 이미 알고 있다.

내가 병들었다고 해서 다른 사람들마저 병든 눈으로 바라보지 말자. 남편의 의견을 지지하지는 못해도 무시하진 말자. 그런 결론을 내리기까지 남편은 얼마나 치열하게 고민했을까? 그래, 머리를 맞대고 우리 가족의 살길을 찾아보자. 조금만 더 찬찬히…. 그러니 병든 나에게 더 시간을 달라!

희망 없음의 희망

지난해 봄, 남편의 건강이 나빠졌을 때 나는 말했다. 자기야, 2년만 참자. 둘째 어린이집 가면 그때는 내가 일할 수 있으니까 조금만 참자. 응? 그리고 남편이 시골로 내려가자고 한 지난가을, 나는 이렇게 달랬다. 자기야, 시골에 가서 할 일 제대로 찾을 때까지만 참자. 애가 둘인데 대책 없이 내려갈 순 없잖아. 대책은 마련해놓고 그만두자. 그로부터 한 달이 지났을 때, 남편은 식사조차 제대로 하지 못했다. 나는 말했다. 그래, 다른 데 알아보자. 다른 데 결정되면 그때 미련 없이 그만두는 거야.

그러나 결국 남편은 사표를 냈다. 그것도 크리스마스이브에. 다른 일자리를 알아보지도 않고서. 실업급여 받으면서 알아보겠단다. 도저히 버틸 수가 없다고. 그날 밤, 가슴 위의 돌덩이를 겨우 내려놓은 듯 단잠을 자는 남편 옆에서 나는 잠을 이루지 못했다.

어쩌지? 아이는 아직 어리고 대출금은 남아 있고 나는 퇴직한 지 3년이나 되어 재취업도 만만치 않다. 설령 취업을 한다 해도 애들은 누가 보고? 남편이 금방 자리를 잡을 수 있을까? 지금까지 열심히 일했으니까 알아주는 사람이 있겠지(있어야만 한다). 아니, 퇴직금 모아서 사업이라도 할까? 요즘 같은 불경기에 잘할 수 있을까? 노하우도 없는데 시작과 동시에 말아먹으면?

"앞으로 어떻게 할 거야? 뭐하고 싶어?"

남편에게 조심스럽게 물어보았지만 당분간은 아무 생각 없이 쉬고 싶다는 말만 되풀이한다. 남편의 사표가 수리되었다는 연락을 받은 직후, 친구 두 명에게 전화를 걸었다. "학습지 교사는 어떻게 하는 거야?", "보험설계사는 요즘 경기가 어때?"

남편은 백수가 되고 아이는 어리고, 재취업 자리는 하늘의 별 따기이고. 내년은 힘겨운 한 해가 될 게 분명한데 나는 어찌할 바를 모르고 발만 동동 구른다. 잔뜩 신경을 곤두세우고 애꿎은 애들한테 화살을 쏘아대다가 마음을 가라앉혀야겠다 싶어 책장에 꽂힌 아무 책이나 집어들었다. 그게 『마음에게 말 걸기 Learning from the Heart』였다.

저자인 대니얼 고틀립은 정신의학 전문의로 성공적인 경력을 쌓아가던 중 서른세 살에 교통사고를 당해 전신마비가 된다.

사고가 난 후 절망의 시간 동안 그는 자신에게 약속한다. 우선 살아 보자고. 전신마비로 몸을 움직일 수 없고 음식을 먹을 수 없고 화장실을 갈 수도 없고 혼자 힘으로는 아무것도 할 수 없는 그 상태로 2년은 더 살아 보자고, 그 다음에 자살할지 계속 살지 결정하자고.

2년이 지났다. 그는 침대로 가서 깊이 숨을 들이마시고 하나님 혹은 수호신에게 기도한다.

"만약 당신이 언젠가 걸을 수 있다는 희망만 준다면, 다시는 아프지 않을 희망만 준다면, 어떻게든 살아 보겠습니다. 제발 나에게 희망을 주십시오."

그는 이런 대답을 들었단다.

"아니야. 희망 같은 건 없어. 아마 앞으로도 변하는 건 없을 걸세. 살거나 죽거나 오직 그뿐이네. 알아서 선택하게나."

놀랍게도 그 순간 그 안의 작은 목소리가 이렇게 외쳤단다.

"이런 젠장, 난 이제 어떻게 살지?"

나는 삶을 택했다. 내가 대단한 영웅이라서 삶을 선택한 것이 아니다. 사실 처음에는 용기만 있다면 목숨을 끊겠다고 다짐하기도 했다. 하지만 나는 결국 삶을 택했다. 이제 와 돌이켜 보면 인간은 원래 그런 상황에서 삶을 선택하기 마련이다. 선택권이 주어진다면 우리는 삶을 택하게 되어 있다. 그 시절 내가 배운 것이 하나 더 있다. 바로 '희망 없음'이라는 선물이다. 나는 언젠가 내가 꿈꾸던 인생을 살 수 있으리라는 희망 때문에 삶을 선택하지는 않았다. 기약 없는 희망을 버리고 나는 내게 주어진 삶을 택했다. ─대니얼 고틀립, 『마음에게 말 걸기』 중에서

나는 위로받았다. 다 잘될 거라는 허망한 희망 따윈 깨끗이 내려놓기로 했다. 그냥 인정하자. 막연히 잘되기를 기대했다가 실망할 수도 있다. 최악에는 이번의 크리스마스 파티가 마지막이 될 수도 있다. 눈물로 폭포를 만들고, 슬픔으로 3년 장을 치른다 해도 현실은 달라지는 게 없을 것이다. 그렇다고 이제껏 고생한 남편을 외면하고 도장 찍고 헤어지는 건 더 못할 짓이다.

다시 생각한다. 할 수 있는 게 과연 하나도 없을까? 우린 아직 젊고 건강하고 노력할 마음이 충분하다. 날개가 없으면 뛰면 된다. 건강한 아이들이 있으니 웃을 수 있고, 내일 무엇이 되기 위해서가 아니라 오늘을 위해 살면 된다.

대니얼 고틀립이 자기의 온 인생을 통해 이야기하는 것은 '희망이 있어 사는 게 아니라 희망이 없음에도 불구하고 살아야 한다'는 것이다. 루쉰도 말하지 않았던가. '희망은 허무하다. 절망이 그러한 것처럼.' 그거 하나면 충분하다.

일상을 여행처럼

요즘 하고 싶은 게 있다. 다름 아닌 여행. 결혼하기 전에는 귀찮다고 방구석에 처박혀 있기만 했는데, 여섯 살, 세 살짜리 아이들 챙기느라 운신하기도 어려운 지금에서야 어디론가 떠나고 싶은 마음이 이렇게도 사무치는지. 가족들과 함께 가면 되지 않느냐고? 아니, 내가 지금 원하는 건 혼자만의 여행이다. 종일 책 보고 길을 거닐고 미술관과 박물관을 산책하는 여행, 호젓하게 올레길을 걷는 여행, 아는 사람 아무도 없는 곳에서 종일 고독한 그런 여행.

그렇지만 내 현실은 여행을 허락하지 않는다. 나도 알고 있다. 사실은 갈 수 없다는 것을 알기에 '보내줘, 보내줘' 하고 징징대는 거다. 그렇게 징징대는 것도 지겨워질 즈음에는 길 떠난 사람들이 쓴 책을 읽는다.

김탁환 작가는 『왕오천축국전往五天竺國傳』을 쓴 혜초나 『열하일기熱河日記』를 쓴 박지원, 우리나라 최초로 프랑스까지 간 조선 궁녀 미실 같은 사람들에게 반해버린다. 그래서 그들이 지나간 길을 몸소 걷고 그들에 관한 소설을 쓰기 시작한다. 그는 이렇게 말한다.

> 여행과 글쓰기는 닮았습니다. 한 글자 한 글자가 모여 한 편의 긴 작품을 완성하듯 한 걸음 한 걸음을 디뎌 오랜 여행을 시작하고 마치지요. 물론 여행을 떠나기 전에, 혹은 글쓰기를 시작하기 전에, 시간과 돈과 노력에 관한 예상을 하지만, 여행 혹은 글을 시작하고 어느 순간이 오면 그 예상을 뛰어넘게 됩니다. 순간순간 떨리고 순간순간 아득합니다. ― 김탁환, 『천년습작』 중에서

글쓰기는 아이를 낳고 키우는 것과도 닮았다고 나는 생각한다. 특히 시간과 돈과 노력에 관해 무엇을 상상하든 그 이상을 보여준다는 점에서 참 닮았다.

많은 돈과 시간을 들여 여행에서 마주하는 것은 결국 자기 자신이다. 연애나 사랑의 끝에서 만나게 되는 것도 자기 자신인 것처럼. 육아에서도 마찬가지다. 인정하고 싶지 않고 모른 척하고 싶지만, 엄연히 존재하는 나의 심연을 번번이 마주하게 된

다. 하루키라면 이렇게 말할지도. "투르게네프라면 '환멸'이라고 부를지도 모른다. 도스토옙스키라면 '지옥'이라고, 서머싯 몸이라면 '현실'이라고 부를지도 모른다. 그러나 누가 그 어떤 이름으로 부르든 간에 그것은 결국 나 자신이다." 그렇다. 결국 보게 되는 건 자신의 바닥이다. 생각보다 멋지지도 쿨하지도 않고, 사실은 옹졸하고 이기적이고 제멋대로인 나의 밑바닥.

그렇지만 바닥을 보는 게 그리 나쁜 경험만은 아니다. 여행 중에 겪을 수 있는 불편과 번거로움을 받아들인다면 일상에서 얻지 못했던 즐거움을 누릴 수 있는 것처럼, 우리 스스로 자신의 바닥을 인정한다면 더 많이 느낄 수 있고, 더 간절히 사랑할 수 있다. 늘 반복되는 것처럼 느껴지는 평범한 일상 속에서도 때때로 떨리고 아득해지는 순간을 경험할 수 있다. 그런 살 떨리게 아득해지는 순간이야말로 우리의 삶을 아름답게 만드는 게 아닐까? 그게 없다면 무엇 때문에 이런 지루한 삶을 계속하겠는가.

힘들고 고단한 일상 속에서도 케케묵은 더께를 털어낼 시간을 갖기 위해 사람들은 여행을 떠난다. 나도 훌쩍 떠나고 싶다. 외롭고 높고 쓸쓸하게.

마침 친구에게 전화가 왔다. 박웅현의 저자 강연회에 참가신청을 했으니 같이 가잔다. 평일 저녁 일곱 시. 두 아이의 엄마가 된 나에게는 불가능한 시간이다. 그런데 가고 싶었다. 정말로 가고 싶었다. 남편에게 말했다. 지금 나에겐 도끼 같은 깨달음이 필요하니 보내달라고. 밤의 공기를 맡고 싶다는 속마음은 굳은 이야기하지 않았다. 나만의 시간이 필요할 뿐이라는 진실 또한 말하지 않았다.

박웅현은 말한다. 여행을 생활처럼 하고 생활을 여행처럼 하라고. 파리가 아름다운 이유는 거기에서 3일밖에 머물지 못하기 때문이라고.

> 만약 삶은 순간의 합이라는 말에 동의하신다면, 찬란한 순간을 잡으세요. 나의 선택을 옳게 만드세요. 여러분의 현재를 믿으세요. 순간순간 의미를 부여하면 내 삶은 의미 있는 삶이 되는 겁니다. 순간에 이름을 붙여주고, 의미를 불어넣으면 모든 순간이 나에게 다가와 내 인생의 꽃이 되어줄 겁니다.
> ─박웅현, 『여덟 단어』 중에서

이 말을 듣는데 왜 이렇게 부끄러운 거니. 그러면서 또 왜 이렇게 가슴은 뛰는 거니. 내가 항상 농담처럼 하던 말이 있다. 여행 가서 진짜 자신을 발견하면 그땐 어쩔 거냐고. 우리가 날이면 날마다 여행할 수 있는 처지가 아닌데, 그렇게 여행을 떠나

서야 발견할 수 있는 자신이라면 지금 여기에서 아이 키우고 연애하고 회사생활을 하면서 발견하지 못할 건 뭐 있냐고.

그렇게 여행을 가지 못하는 내 삶에 의미를 부여하기 시작하자 갑자기 모든 것이 애틋하게 보이기 시작했다. 강의를 듣고, 친구와 아이스라떼를 마시고, 집에 오는 전철에서 못 다 읽은 책을 읽는데, 갑자기 파랑새를 찾은 것마냥 가슴이 뛰었다. 돌아왔더니 온 집안이 조용하다. 새근새근 잠든 아이들, 설거지까지 끝내놓은 다정한 남편, 오늘 읽은 좋은 책과 오랜만에 만난 친구와의 대화…. 잔잔한 바람이 불고 달이 빛나고 라일락 향기가 가득한 5월의 밤하늘. 눈물 나게 아름답구나.

새로 산 다이어리를 펼쳤다. 별거 아닌 것 같은 순간에 의미를 부여하고 싶어서, 내가 있는 이곳을 기억하고 싶어서, 나를 외면하지 않고 당당히 마주 보고 싶어서, 잊지 말아야 할 것들을 간직하고 싶어서.

그래, 나는 이런 사람. 한 달에 단 한 번의 외출로 온 세상을 아름답게 바라볼 수 있는 사람, 짜증 내고 답답해하던 모든 것을 행운으로 받아들일 수 있는 단순한 사람. 내일이면 또 숨 막히는 일상일지라도, 나의 바닥을 누비면서 내가 사랑하는 모든 것들을 온전히 누려야지. 여행을 떠나지 못한다면, 일상을 여행처럼. 그러면 되는 거지, 뭐!

아주 사적인 24시간

큰아이 친구들 집에 종종 놀러간다. 현관에 들어서면 서부터 자연스럽게 쓱 둘러본다. 예림이네는 인테리어가 끝내준다. 우진이네 집에 가면 간식으로 내오는 쿠키와 커피가 동네 커피숍 저리 가라다. 지환이네는 베란다 채소밭에서 싱그러운 향기가 피어오른다. 저녁이면 나는 잔뜩 주눅이 들어 집에 돌아온다.

"자기야, 나 살림 진짜 못하는 것 같아."

위로받고 싶어 이렇게 투정이라도 할라치면 옳다구나 하고 남편의 잔소리가 시작된다.

"그럼 여태 몰랐단 말이야? 자기는 살림의 기본이 안 되어 있어. 전업주부 맞아?"

그러면 이내 나는 씩씩거리며 인테리어 책이며 베란다 채소

밭, 그도 아니면 가구 쇼핑몰을 눈이 빠져라 들여다본다. 살림의 여왕으로 거듭날 그날을 다짐하며.

이러다 보니 아들 녀석 친구들이 집에 올 때마다 이만저만 신경 쓰이는 게 아니다. 청소하고 머핀을 굽고 테이블을 세팅한다. 여기저기 처박혀 있는 장난감도 장식품인 양 일렬로 진열해놓는다. 여기서 핵심은 이 모든 준비를 건성으로 한 것처럼 보여야 한다는 점이다. 코흘리개 아이들도 손님이라고 아침부터 청소하고 물걸레질하고 간식 만드느라 부산 떨었다는 게 알려지면 창피하잖아. 물론 아이들이야 내가 뭘 했거나 말거나 관심도 없다. 아이들과 함께 오는 엄마들도 관심 없어 보이기는 건 매한가지다. 사실 신경을 곤두세우고 있는 쪽은 나다. 그들의 눈에 비칠 나의 모습에.

『누가 우리의 일상을 지배하는가』에 따르면 맙소사, 이런 내 생각조차 모두 마사 스튜어트의 발명품이란다. 이런 내 모습은 마사 스튜어트가 만들어낸 환상에 목매고 있기 때문이라는 것이다.

마사 스튜어트의 요리책을 펼치는 순간, 티끌 하나 없이 깨끗한 유리창을 통해 눈부시게 비추는 햇살에 물기가 촉촉한 과일, 화사하게 빛나는 꽃, 투명한 얼음이 둥둥 떠 있는 레모네이드 컵과

댄
헤헤..
아사 ♥ cook

그 곁에 깔끔하게 차려입고 서 있는 남자들과 함께하는 가든파티의 주인공이 되는 마법의 레시피가 실현된다. 사실 레시피라는 말 자체가 비법 혹은 비결, 약제사의 처방전에서 유래했으니 마사 스튜어트를 가사노동의 연금술사나 환상의 가정 마법사로 추앙한다고 할지라도 무리는 아닐 것이다.

— 전성원, 『누가 우리의 일상을 지배하는가』 중에서

이 모든 것은 다름 아닌 나의 환상이 아니던가. 나는 평소에도 모델하우스를 그냥 지나치지 못한다. 이번에 전셋집을 구하면서도 꼭 들어가 보지 않아도 되는 곳까지 굳이 들어가 샅샅이 구경했다. 인터넷에 연예인의 집을 전격 공개한다는 기사라도 뜨면 절대 클릭하지 않고 못 배기는 위인이 나다. 그들의 가구와 수납 인테리어 스타일을 살피며 즐거워했고 가능하다면 요리까지 맛볼 수 있다면 하고 입맛을 다신다. 이 환상은 티끌 하나 없이 깨끗한 유리창과 과일과 꽃으로 장식된 식탁, 얼음 섞인 레모네이드와 프릴 앞치마를 입은 나의 모습에서 정점을 이룬다. 이 얼마나 유아적인 상상인지….

그러나 정작 마사 스튜어트의 진짜 능력은 따로 있었으니, 그녀가 나타나기 전까지 요리라든가 집안 가꾸기 같은 일들은 지극히 단순한 가사노동일 뿐이었다. 마사 스튜어트의 손을 거치자 그것은 창조적이고 예술적인 작업, 고상하고 우아한 취미이자 생활공예로 격상하였다. 주부들은 노동이었던 것을 더는 노동이라 부르지 않게 되었다. 가사노동은 더욱 가치 있는 무언가의 고상한 품격을 부여받았다.

내가 하고 있는 건 어디까지나 노동이다. 무슨 이름을 갖다 붙이건 본질은 그냥 노동일 뿐이다. 그럼에도 나는 노동 이상으로 보이고 싶어한다. 우아하고 고매한 행위 말이다. 요리책을 보면서 요리했고 수납 책을 보면서 수납했고 정리 책을 보면서 정리했다. 여기서도 핵심은 절대 노력하는 것이 드러나지 않도록 '무심하게' 보이는 것이다. 자신에게까지 이렇게 말하며. "이왕 하는 거 잘하면 얼마나 좋아. 어차피 먹는 거 맛있게 먹어야지. 기왕 사는 곳 쾌적하고 아기자기하게 꾸며놓고 살아야지." 그런데 이 모든 게 마사 스튜어트가 만들어낸 환상이었다니⋯. 젠장, 어쩐지 내 몸에 영 안 맞는 것 같더라니!

할 말은 더 있다. 오늘 나의 하루는 이랬다. 아침에 일어나자마자 시계를 본다. 식사 준비를 하면서 대략의 하루 일정을 짠다. 마트에 다녀와서 아이 어린이집 끝나면 친구네서 놀고 집에 와서 밥 먹이고 책 읽어주다가 재워야지.

오전에 집 근처의 마트에 간다. 콜라를 마시고 아이폰으로 노

래를 들으며 쇼핑을 한다. 김태희의 커피, 김연아의 맥주, 소지섭의 샴푸와 먹을거리 등을 사들고 집으로 돌아온다. 짬이 나서 뒤적여 본 신문에는 상품광고인지 홍보인지 모를 기사들이 넘쳐난다.

어린이집이 끝나고 진서 친구네 가서 아이들이 노는 동안 엄마들과 어울려 수다를 떤다. 누가 광고하는 어떤 상품이 좋다더라, 어느 문화센터의 무슨 강좌가 요즘 대세라더라…. 저녁 시간에 맞춰 집으로 돌아왔다. 또봇 인형을 사달라는 아이를 달래 산타클로스 할아버지에게 편지를 쓰게 하는 걸로 무마한다. 3~5세 아이의 필수품이라는 말에 혹해 홈쇼핑에서 사들인 전집을 읽어주며 아이를 재운다. 이게 나의 하루다.

하루의 시간을 내가 관리한다고? '시간관리'라는 개념 또한 대량공급체제의 생산성을 높이기 위한 포드주의의 산물이다. 아이폰으로 음악을 들으며 쇼핑하는 게 나만의 즐거움이라고? 소니가 워크맨을 만들어내면서 개인의 나르시시즘이 공고화되었다. 이마트에서는 여자 혼자서도 얼마든지 원스톱 쇼핑이 가능하다고? 대형 마트가 진짜로 파는 건, 최저가 물품이 아니라 절대빈곤 노동시스템이다. 마사 스튜어트가 팔아치우고 있는 상품은, 여자라면 당연히 살림과 인테리어에 능해야 한다는 환상이다. PR전문가 버네이스가 만들어낸 조작된 정보들. 코카

콜라가 만들어낸 아이들의 꿈, 산타클로스…. 그것들은 모두 단 하나의 목적을 위해 만들어졌다. '기업의 이익을 극대화하라.'

눈에 보이는 게 전부가 아니다. 긍정주의, 근검절약, '하면 된다'. 이것들이 담고 있는 프로테스탄티즘 윤리관과 모든 문제를 개인에게 떠넘기는 개인주의, 자신이 통제할 수 있는 것에 대해서만 선택하고 행하라는 긍정 심리학. 우리의 삶을 지배하는 이 모든 사상은 어디서 나온 것일까?

세상은 나에게 말한다. 당신은 위대한 모성이며 가정의 경영자이고, 소비활동의 주체이고, 국가경쟁력의 허리이고, 소중한 한 표를 행사할 수 있는 유권자라고. 그렇지만 이 모든 것이 누군가의 이득을 극대화하기 위해 퍼트린 사상이라면? 아주 사적이라 생각했던 나의 삶이 결국은 누군가가 만들어놓은 이미지라면? 나의 정체성이라는 게 결국 소비자로서의 역할에 지나지 않는다면? 나의 24시간을 지배하는 사상과 생활양식, 심지어 무의식까지 거대자본과 권력이 점령했다면, 내 삶의 주인은 대체 누구란 말인가?

2장
육아잔혹사

우리 아이 처음 어린이집 가던 날

아들을 처음 어린이집 보낼 때의 일이다. 세 살인 아이는 친구와 함께하는 바깥놀이의 맛을 알아버렸는데 회사를 막 그만두고 집에서 아이를 보기 시작한 나는 쩔쩔매고 있었다. 열심히 놀아주려고 하는데 오히려 아이는 심심해했다. 무언가를 하려 하면 반항하고, 그새 훌쩍 커서 조금만 안아줘도 팔이 빠질 것만 같았다. 그래, 어린이집에 보내는 거야(야호!).

첫날은 아침부터 산책하러 간다고 생각했는지 좋다고 따라나섰다. 첫날이라 어영부영 어린이집 차도 놓쳐버려 어린이집까지 아이를 안고 업고 갔다. 팔이 끊어질 듯 아팠지만 아이는 좋아하면서 또래 아이들과 논다고 신이 났다. 토끼도 보고 금붕어도 본다고 좋아하기에 마음 놓고 집에 왔다. 적응기간이라 점심 먹고 곧바로 데리러 갔더니 여전히 신난 아이의 모습. 이럴 줄 알았으면 진작 보낼 것을, 후회와 서운한 마음 반반.

문제는 다음 날부터였다. 어제는 멋도 모르고 갔었나 보다. 오늘은 안 간다고 울고 떼쓰고, 어린이집 버스를 보자 내 다리에 딱 달라붙어 떨어지질 않는다. 할 수 없이 같이 차를 타고 갔다. 어린이집에 도착해서도 아이는 울면서 내 손을 꼭 붙든 채 다른 곳은 얼씬도 하지 않았다. 한 시간 정도 다독인 끝에 간신히 블록을 가지고 노는 틈에 몰래 도망 나왔다. 선생님은 근엄하게 나를 꾸짖었다. "아이가 운다고 해서 절대 어린이집 차를 같이 타고 오시면 안 됩니다!"

그 후로 아이는 아침마다 "어린이집 안 갈 건데요." 하고 노래를 불렀다. 옷을 입히려 하면 술래잡기가 시작되거나 "엄마, 나 졸린 것 같아요", "나 할 거 있어요", "엄마랑 집에 있을 거예요"라며 온갖 핑계를 댄다. 큰 눈에 눈물을 뚝뚝 흘리면서 "엄마, 나 바빠요. 너무 바빠서 집에서 엄마하고 있을 거예요" 할 때는, 이렇게 싫어하는데도 꼭 보내야 하나? 어차피 아이 보려고 회사도 그만둔 건데, 보내지 말까? 갈등을 하곤 했다.

하지만 그렇게 하루 안 보내면, 그날은 내가 괴로웠다. 그래서 다음 날에는 다시 마음을 다잡는다. 이게 다 적응기간이라잖아. 적응기간에 잘 보내야 나중에 웃으면서 간다잖아. 아, 이럴 때 '어린이집 쉽게 보내는 백 가지 방법' 같은 책이라도 있었으면.

행동 경제학에서는 사람의 행동을 바꿀 수 있는 세 가지 방법이 있다고 한다. '금지'와 '인센티브'와 '넛지'가 그것이다. 『넛지Nudge』의 책 소개를 보면 이 세 가지 방법을 알기 쉽게 설명해놓았다.

깨끗하고 쾌적한 화장실을 만들기 위한 합리적인 방법은?

금지 : 지저분하게 이용하는 사람의 입장을 제한한다.

인센티브 : 깨끗하게 이용하는 사람에게 할인쿠폰을 제공한다.

넛지 : 소변기에 파리 모양 스티커를 붙인다.

암스테르담 공항에서는 소변기에 파리 모양 스티커를 붙여놓는 아이디어만으로 소변기 밖으로 새어 나가는 소변량을 80퍼센트나 줄일 수 있었다.

―리처드 탈러 · 캐스 선스타인, 『넛지』 중에서

어린이집에 쉽게 보내기 위해서 이 세 가지를 적용해보았다.

금지(와 협박) : "그럼, 아들 혼자 집에 있어요. 엄마는 혼자 어린이집 갈게요. 안녕" 손을 흔들어 보이고 과감하게 현관문을 열고 나간다. 아이가 울면서 쫓아 나오면 엘리베이터 버튼을 누르게 하거나 나무와 벌레를 보게 하는 등 다른 곳에 정신을 팔게 한 다음 어린이집 차가 오면 밀어넣었다. 당장 성과가 보였지만 그때뿐, 금지는 부작용이 속출했다. 아이는 옷만 입혀도 어린이집 가기 싫다고 울며 떼를 썼고, 하다못해 장난감이라도 걷어참으로써 반항을 표했다.

인센티브 : "울지 말고 어린이집 가면 비타민 사줄게", "한번 갈 때마다 칭찬스티커 붙여줄게. 싫어? 그럼 두 개씩 붙여줄게. 다섯 개 다 붙이면 네가 가지고 싶다던 선물 사줄 거야." 처음엔 혹하는 듯했다. 하지만 아침에 어린이집 가는 건 당연한 일 아닌가. 뭐 대단한 것이라도 해준 양 아이는 거들먹거리기에 이르렀다. 에잇, 비위 맞추기 힘들어서 다 치워버렸다.

넛지 : "비 오는데 우리 토마스 장화 신을까? 키티 우산 쓸까?" 아이가 좋단다. 엘리베이터 버튼을 누르고 나에게 물어본다. "근데 우리 지금 어디 가요?" "어린이집 가지." "나 어린이집 안 갈 건데요." "어린이집 가서 선생님하고 친구한테 장화하고 우산 자랑할까? 우와, 멋있다 하고 깜짝 놀라겠네. 진서는 정말 좋겠다." 아이는 잠시 생각하더니 갑자기 기분이 좋아져서 제 발로 어린이집 버스 타는 곳까지 갔다. 차를 기다리면서 3분 동안 다섯 번이나 "엄마, 어린이집 차 왜 안 와요?"라고 묻는 걸 보니 빨리 자랑하고 싶은가 보다. 처음으로 기분 좋게 어린이집을 갔다. 다행이긴 한데, 설마 날마다 자랑할 게 필요해지는 건 아니겠지?

그렇게 어찌어찌 어린이집에 보내고 있던 어느 날, 동네에 사는 전설의 엄친 엄마를 만났다. 이제 대학교 1학년인 엄친딸은 인성이면 인성, 공부면 공부 무엇 하나 빠지는 게 없는 데다 엄마와도 그렇게 사이가 좋단다. 나보다 나이가 훨씬 많은 이 전설의 엄마를 마주친 순간 기회는 이때다 싶어 좋은 습관을 들이는 데 필요한 가르침 한 수를 부탁했다. 전설의 아줌마는 딱 한마디를 물었다.

"하루에 아이를 몇 번이나 안아줘요?"

고난도의 육아 스킬을 기대했던 나는 순간 당황했다.

"글쎄요, 어린이집 갈 때랑 올 때, 그리고 잘 때는 의식적으로 안아주긴 하는데 나머지는…. 글쎄요."

아주머니는 가만히 고개를 끄덕인다. 조바심이 났다.

"우리 딸은 지금 스무 살인데, 저는 매일 서른 번씩 안아줘요."

맙소사! 그날부터 모든 금지와 인센티브와 넛지는 잊었다. 딱 한 가지만 생각했다. 하루에 서른 번 안아주기! 대부분 밤에 스물여덟 번 몰아서 안아주고는 있지만, 그래도 서른 번씩 꼭꼭 세어서 모자라지 않게 안아주었다. 아이 아빠까지 동참해 서로 먼저 안아주겠다고 싸우는 시늉까지 하며 꼭꼭 안아주었다.

그렇게 한 지 열흘째 날, 기적이 일어났다. 아이가 울지도 않고 떼쓰지도 않고 자랑할 것도 따로 없는데, 담담하고 자연스럽게 어린이집에 다녀오겠다고 인사를 한 것이다. 이게 정말 안아주기의 위력이란 말인가? 대단한데! 그렇다면 이제까지 그렇게 머리를 써가면서 힘들게 실행했던 인센티브, 넛지 그런 건 다 의미 없었던 거야? 정말 그런 거야…? 기쁨과 허무함이 뒤섞여 멍하니 서 있는 나를 보고 아들이 한마디 했다.

"엄마, 빨리빨리! 우리 반에 예림이라고, 예쁜 여자애가 새로 왔단 말이야!"

이럴 수가. 그래도 난 서른 번씩 안아줬기 때문이라고 아직도 굳게 믿고 있다.

어쩌다 엄마가 되어

 한 동네 사는 엄마들 네 명이 모였다. 아이를 어린이집에 데려다주고 돌아오는 길이었다.

"그 집 아이는 어린이집 적응 잘해요?"

"우리 아이는 별 얘기 없는데, 왜요?"

"우리 아들이 어제 갑자기 '엄마, 나는 어린이집에서 하루 종일 혼자 놀아' 그러더라고요."

"어머나, 이를 어쩌나. 선생님께 물어는 봤어요?"

지나가던 아줌마까지 합세했다. 아파트 입구에서 한참을 두런대다가 결국 각자 아침 설거지와 청소만 끝내고 다시 모이기로 했다.

지우는 아토피가 심하다. 언제나 살뜰히 지우를 보살피는 지우 엄마가 말했다.

"나는 엄마 자격이 없는 것 같아. 아이가 몸을 벅벅 긁을 때는 약 발라주고 로션 발라주느라 정신이 없어. 그런데도 목욕 시킬 때 보면, 아이가 얼마나 긁어놨는지 온몸에 손톱자국이고 피까지 엉겨 있는 거야. 그런 날은 정말 딱 죽고 싶어. 나는 엄마 자격이 없구나, 아이는 이렇게나 아파하고 고통받는데 내가 해줄 수 있는 게 없구나. 로션 발라주고 약 먹이고, 스테로이드 발라주면서 '이거 바르면 안 된다는데…' 하면서도 뾰족한 수가 없으니까. 엄마아빠 아무도 아토피가 없는데 너는 왜 이래가지고 엄마를 힘들게 하냐고 소리 지르고 싶은 적도 많았어. 그런 날이면 밤마다 생각해. 난 왜 이리 모성이 부족할까. 왜 이렇게 힘들어할까. 정신과 치료라도 받아야 하는 건 아닐까 하고."

뜻밖의 고백에 다른 엄마도 말했다.

"그런 생각 나는 모유 수유에 실패했을 때부터 했는걸. 나는 엄마로서 낙오자라고. 아이를 낳아서 가장 먼저 해야 하는 젖 먹이는 일부터 실패했잖아. 아이가 감기라도 걸리면 모유 안 먹이고 분유 먹여서 그런 것은 아닐까 싶어서 철렁하는 거야. 키가 작다는 말이라도 들으면, 애 아빠나 나나 큰 키는 아니잖아. 원래 유전자가 그런 것일 텐데도 분유 먹어서 안 크는 건 아닌지. 지나가는 사람들이 아무 생각 없이 통통하다고 하면 또 생각하는 거야. 분유를 돼지같이 많이 먹인다고 뭐라 하는 건가?

나만 해도 아이 낳고도 한동안 몸무게가 안 빠지니까 사람들이 그러더라고. 모유 안 먹여서 그런 거라고.”

모유 수유도 했고, 아토피도 없지만 일하는 엄마였던 나도 끼어들었다.

“나는 일만 하면 아이 생각이 나질 않았어. 회의하거나 보고서 쓰거나 미팅이 있을 때, 아이를 생각하고 있지 않더라고. 생각해 봐. 아이만 계속 생각하면 어떻게 일을 할 수 있겠어. 그런데 그렇게나 죄책감이 느껴지는 거야. 나는 엄마도 아니야 하면서. 아이가 조금만 떼를 써도 내가 옆에 붙어 있질 않아서 애정결핍이라 저런 건 아닌지, 장난감을 잘 가지고 놀지 않으면 발달과정에 맞지 않는 엄한 것 사준 건 아닌지 겁이 나더라고. 18개월쯤에는 아침 여섯 시면 어김없이 일어나서 울어대는 거야. 엄마 회사 가지 말라고…. 그런 모습 보면 얼마나 가슴이 짠한지. 1년 하고 6개월쯤 매달리고 우는 아이를 떼어놓고 회사에 나갔는데, 신랑이랑 친정엄마가 독한 년이라고 욕하는 거야. 내가 왜 독한 년이 되었는데? 아이 키우면서 회사일 열심히 하는 게 그렇게나 잘못한 일이야? 승진하면 기뻐하는 게 그렇게나 못된 짓이야? 내가 회사를 그만둔 건 결국 가까운 사람들의 압박 때문이었어. 그렇게 애 팽개치고 일만 해서 얼마나 잘하나 보자, 그래봤자 얼마 벌지도 못한다는 신랑의 비아냥…. 연봉

얘가 왜이리
열이 펄펄끓지..
다 나때문인가..

애가
키가 좀
작네요?

에에??
내가 작아서
그런건가...

아유.. 통통한거
봐라

무..우슨소릴!!
나때문에
통통한가???

내가..
내가 어쩌다
엄마가되어서...

차이 100만 원(1천만 원도 아니고)밖에 나지 않는다고 말하면, 너
는 온종일 일하고도 야근을 밥 먹듯 하지 않느냐고, 시간당 금
액을 계산해 보라고 하더라. 더럽고 치사해서! 그래서 관뒀어.
그런데 말이야, 회사를 때려치우고 종일 옆에 있는 지금도 우리
아이는 아침 여섯 시면 발딱발딱 일어나. 엄마에 대한 그리움
때문에 일찍 일어난 게 아니라 원래 아침형 인간이었던 거야!"

　모유 수유도 했고 아토피도 없고, 일해본 적도 없는 우진이
엄마는 말했다.

　"나는 언제나 아이에게 잘못하고 있다는 생각이 들어. 아이가
너무 내성적인 걸 보면 내가 아이를 너무 끼고 돌아서 그런가
싶어. 나는 똑똑하고 인내심 있는 엄마가 못 되나 봐. 온종일 하
는 말이라고는 아이랑 하는 혀 짧은 대화뿐인데 아무도 알아주
지 않는 게 그렇게 서운할 수가 없어. 남편 퇴근이 늦을 때 아이
한테 짜증을 내는 나를 보면 엄마 맞나 싶고. 나 또한 엄마한테
사랑을 많이 받지 못했는데 내가 아이에게 얼마나 사랑을 줄 수
있겠어, 하는 생각도 들고. 나도 자존감이 낮은데 아이라고 다
르겠냐는 생각도 들고…. 어린이집에서 혼자 놀아도 내 탓, 밥
먹을 때 한자리에서 안 먹어도 내 탓, 떼를 쓰면 당연히 내 탓,
글씨를 못 써도 내 탓, 인사를 안 해도 내 탓, 분위기를 못 맞춰
도 내 탓, 시아버지가 노래 한번 해 보라는데 다리 배배 꼬면서

끝내 울음을 터트려도 내 탓, 아침마다 늦게 일어나서 어린이집에 지각하는 것도 내 탓이라고 다들 나만 쳐다봐. 정말 그게 다 내 탓인 거야? 난 그게 너무 싫어."

그녀는 덧붙였다.

"정말 어떨 때는 다 그만두고 싶어."

어쩌다 이야기가 이렇게 흘렀을까. 모두들 말없이 머그잔 속에 엉겨 있는 커피가루만 쳐다본다. 나도, 사실은 나도 그래.

도대체 엄마가 뭐길래, 어떻게 해야 엄마라는 자격이 생기는 거길래, (아니 정말 그런 자격이라는 게 있기는 한 건가?) 눈에 띄는 아이의 행동 하나에도 온 세상이 엄마의 얼굴을 빤히 쳐다본다. 아이가 하는 모든 게 엄마 하기 나름이라고, 엄마가 모든 문제의 근원이고, 다 엄마 탓이라고!

나도 안다. 이런 생각조차 학습된 산물이라는 것. '모성'이라는 것은 근대 이후 아동의 발명과 더불어 나타난 신화 같은 거라는 것. 아내의 위치가 사유재산의 일종에서 동반자적 관계가 된 것도 그리 오래되지 않았고, 여성의 지위가 지금 수준이 된 것도 비교적 최근의 일이라는 것도 안다. 실제로 모성의 영향이 제로라는 설도 있다지 않은가. 모성과 현모양처의 이미지는 남성과 소비사회가 만들어낸 조작된 이미지다. 그래, 안다고. 다 알고 있다고! 하지만 아는 것만으로 달라지는 건 없다. 세상이라는

배심원들 앞에서 계속 변명하고 항변하지만 우리는 여전히 죄인일 뿐이다. 엄마라는 이름과 동시에 생기는 원죄를 짊어진.

우진이 엄마가 말했다.

"나는 잠만 푹 잘 수 있어도 엄마 노릇을 그만두고 싶진 않을 것 같아."

그렇다, 엄마들이 아이를 보면서 갖는 스트레스의 90퍼센트 이상이 수면 부족 때문이다. 또 다른 엄마가 말했다.

"수면 부족도 문제지만, 가장 중요한 건 내 시간이 전혀 없는 거야. 어린이집 보내고 집안일 하고 점심 먹으면 바로 아이들 오잖아. 그럼 종일 또 옆에 붙어 있어야 하고. 엄마는 온 가족의 5분 대기조잖아. 언제 어디서라도 부르면 즉각 나타나야 하니까. 하지만 정작 나만의 시간은 없어. 그게 제일 문제인 것 같아. 하루 딱 한 시간만 나만의 시간을 가져도 아이들 잡지 않고 정신을 차릴 것 같아."

그래, 그게 모든 문제의 시작이었어.

"설거지는 하루에 한 번, 청소는 이틀에 한 번만 하고 나만의 시간을 갖겠어."

지우 엄마가 말했다.

"나는 아이들 물건 그만 사고 내 것 살래."

그래, 그래! 사방에서 난리가 났다. 아이들은 장난감 많이 사주면 오히려 고마운 줄 몰라. 사달라고 하면 뚝딱 나오는 줄 알 잖아. 애들 책도 너무 많이 샀어. 책을 백 권 보는 것보다 한 권 을 반복해서 보는 게 더 좋지 않을까? 생각해 보면 다섯 살짜리 아이가 책 보고 인생이 바뀌는 것보다 우리가 책 보고 인생이 바뀔 일이 더 많지 않을까? 사려면 내 책을 사야지.

“나는 맛있는 거 있으면 아이보다 내가 먼저 먹을래.”

내가 말했다. 아이들은 앞으로 살면서 맛있는 것 먹을 기회가 얼마나 많겠어? 우리는 상대적으로 적잖아. 좋은 거, 맛난 거 내 가 먼저 먹고 많이 먹어주겠어. 열변을 토하다 말고 서로 얼굴 을 마주 보며 웃었다. 먹을 것 가지고는 좀 치사한가?

세상에 모든 중요한 일들은 어쩌다 그리된 것뿐이다. 우리도 어쩌다 태어난 것 아닌가. 그러니 어쩌다 엄마가 되었다고 한탄 하지 말자. ‘어쩌다 사회학자가 된’ 피터 버거는 “좋은 사회학자 란 좋은 소설가와 같다”고 말했다. 내 식으로 말한다면, 좋은 엄 마란 좋은 인간이 아닐까? 그러니 좋은 엄마가 되려 하기 전에 좋은 인간이 되려 애쓰는 게 맞지 않을까? 맛있는 건 나눠 먹으 면서 말이다.

자식에게도 예의가 필요하다

둘째 민서가 18개월이 되었다. 이제 애교도 제법 부린다. 예쁜 짓도 많이 한다. "쉬야 했어" 하면서 기저귀를 가지고 와서 내 앞에 벌렁 드러눕는가 하면, 우유를 먹다가 흘리면 걸레를 가지고 와서 닦는 센스도 보여준다. "우리 아가 어딨지?" 하면 집게손가락으로 자기 볼을 콕 찌르면서 찡긋 웃는다. 어제는 자다 깨서 울지도 않고 혼자 문을 열고 나와 "엄마" 하고 나를 불렀다. 세상 무엇과도 바꿀 수 없는 보물이라는 생각이 절로 든다.

하지만 그도 잠시, 오빠가 어린이집에서 돌아오면 분위기가 사뭇 달라진다. 같이 장롱에 들어가 숨바꼭질하는 것은 양반이고 레고를 집어먹고, 졸린다고 아무 데서나 드러눕고, 안아주면 밀어내고, 내려놓으면 울고, 밥 주면 던지고, 간식 안 주면 냉

장고 문에 매달려 있고, 유모차 태우면 위태롭게 일어서서 팔을
휘젓는다.

18개월쯤 되면 아이는 낮잠을 하루에 한 번만 잔다. 그나마
한 번 자는 낮잠, 오래 푹 자면 좋을 텐데 한 시간도 안 자고 일
어나 (대부분 그렇다) 종일 내 옆에서 떨어지지 않고 논다. 그럴 때
마다 나는 저녁 시간만을 손꼽아 기다린다. 오늘 낮잠을 제대로
안 잤으니까 일찍 잘 거야. 그럴 거야. 그래야만 해. 안 그러면
난 미쳐버릴지도 몰라.

드디어 밤이 되었다. 첫째를 재우려고 하면 둘째가 울고, 둘
째를 업으면 첫째가 안아달란다. 등에는 둘째를, 품에는 첫째를
안고 30분 넘게 부비부비 하다가 어느새 이성을 잃고는 "너희
진짜 안 잘 거야?" 버럭 소리를 지른다. 불과 1분 전에 뺨을 부비
며 사랑한다고 뽀뽀하던 그 엄마 맞나. 아이가 "엄마" 하고 입을
열기만 해도 "아, 쫌 자라고!" 고함을 친다. 그렇게 어렵게 어렵
게 열 시가 훨씬 넘어서야 아이들을 재웠다. 정말 눈물이 나온
다. 아이들을 재우고 나서 뭐 대단한 일을 하려는 건 아니다. 그
냥 어제부터 읽고 싶던 책을 읽고 싶었을 뿐이다.

『개구리를 위한 글쓰기 공작소』는 근래 내가 읽은 책 중에 가
장 충격적인 말로 시작한다. "당신은 개구리다." 그리고 두 번째
단원은 이렇게 시작한다. "당신의 부모님도 개구리다." 그러면

뭐??

엄마 나오늘
유치원
안갈래

그럼 안되지..
아침에 일어나
바로 유치원

개굴
드비...

개굴..

서 에릭 번의 말을 인용한다. "사람은 누구나 공주와 왕자로 태어나지만 그들의 부모가 입을 맞추어 개구리로 변하게 한다."

이만교 선생은 일상 언어가 가장 대표적인 개구리 언어라면서 이렇게 쓴다.

> 평소 우리가 사용하는 일상 언어는 대부분이 뒤죽박죽의 개구리 언어다. 평소 부모님을 비롯한 주변 사람들이 답습하고 있는 언어는, 대부분 너무 부정확하거나 난삽하거나 낡거나 뻔한 표현으로 이루어져 있다. 소모적 상투적 관습적 관용적 표현들뿐이다. 그 바람에 우리가 삶에서 겪는 실질적 느낌과 정서가 이들 표현을 통해 살아나는 게 아니라 도리어 왜곡되거나 일축되거나 무시되어버린다.
>
> — 이만교, 『개구리를 위한 글쓰기 공작소』 중에서

책에는 스무 개 정도의 개구리 문장의 예가 소개되어 있다. 그중 오늘 내가 말한 개구리 언어를 세어 보았다. (왜 연락 없느냐는 친구에게) "먹고사느라 정신없었어", (만화영화 보겠다는 아이에게) "하고 싶은 거 다 하면서 살 수는 없어." (어린이집 안 간다는 아이에게) "아침에 일어나면 어린이집 먼저 갔다 오는 거야." (어린이집 가방을 내동댕이치는 아이에게) "그럴 거면 어린이집 다니지 마!" 정

녕 이것들이 모두 개구리 언어였단 말입니까!

이 정도만 해도 양호한 거다. 여기에 협박과 무시, 쓸데없는 위안과 말 자르기와 짜증 등등. 나는 대체 언제부터 입만 열면 장미꽃은커녕 개구리만 튀어나오는 여자가 되었을까? 사실은 나, 사람이 아니라 개구리였던 것 아닐까? 개굴개굴.

아이에게 정말 필요한 건 눈물겨운 모성과 희생 같은 거창한 게 아닌 것 같다. 그냥 인간으로서의 존중과 예의가 아닐까? 육아서 밤낮 끌어안고 있으면 뭐하나? 한순간의 무시와 협박이면 그동안 아이의 마음을 읽겠다고 나섰던 것도 다 위선이 되는데. 아이의 일거수일투족에 반응해주면 뭐하나. 쌓일 대로 쌓인 엄마의 스트레스가 언제 어디서 어떻게 터질지 모르는데. 그렇게 한번 터트리고 나면 엄마의 죄책감은 더욱 커지고, 다 잊은 듯 해맑게 안기는 아이를 보며 눈물을 글썽거리면 뭐하나. 다음 날이면 또 마찬가지인데. 이건 무슨 정신병원 리얼 스토리도 아니고.

왜 우리는 세상에서 가장 소중한 아이를 남보다도 못하게 대하게 된 것일까? 너무 사랑해서? 너무 가까이 있어서? 그런 교육밖에 받지 못해서? 다 아이 잘되라고? 그렇다면 엄마에게 필요한 건 엄마의 죄책감을 자극하면서 불안감을 조성하는 육아서가 아니라 개구리 언어가 아닌 정제되고 실질적이고 적합한 언어습관 아닐까?

하이데거는 언어를 '존재의 집'이라고 했다. 프란츠 카프카는 말했다. "그 이름을 정확하게 불러야 그 삶이 우리에게 온다. 그것이 삶이라는 마술의 본질이다." 석지현의 능엄경 해설에서는 말한다. '우리가 사는 세상에서는 언어를 통해 모든 것이 명확해진다. 그러나 사람들이 언어를 제대로 사용할 줄 모르기 때문에 오히려 그 언어로 인하여 고통을 받는다(이하 『개구리를 위한 글쓰기 공작소』에 나오는 인용).

이렇게 거창한 말들로 부연하지 않더라도, 사실 우리 모두 알고 있다. 우리는 다른 사람이 하는 말과 행동으로 그 사람을 판단하고 또 평가하니까.

이만교 선생은 말한다. "개구리는 자신의 모든 언어를 개구리 언어로만 번역한다"고. "공주와 왕자는 다른 곳에 있는 게 아니라, 공주와 왕자의 언어를 사용하는 사람"이라고. 따라서 내가 왕비가 되기 위해서는 왕비의 언어를 사용해야 한다. 왕비는 되지 못할지라도 개구리는 되지 말아야 할 텐데. 개굴개굴.

아이가 없어졌다

눈이 펑펑 왔다. 화요일에 오고 수요일에 오고 목요일에 또 왔다. 하루에 두 번은 나가야 하는데 (첫째 어린이집 데려다주고 오후에 데려올 때) 내가 나가면 둘째도 데리고 나가야 하는데, 비탈길 위에 있는 우리 집에서는 유모차를 태워 내려갈 수가 없다.

어쩔 수 없이 둘째를 안고 가기로 한다. 우선 옷을 입히고 아기 띠로 안고 포대기를 씌우고 그 위로 파카를 입는다. 우산을 씌우고 집을 나섰다. 옷까지 합해 15킬로그램은 됨직한 아이를 안고서 눈길을 걷는다. 썰매도 탈 수 있을 만한 경사로에서 혹시라도 넘어질까 조심조심하면서 고양이도 눈치 못 챌 발걸음으로 간신히 어린이집에 당도했다. 벌써 허리가 욱신욱신, 골반이 시큰시큰하다.

오후에는 아이를 데리고 병원에 갔다. 둘째를 안고 우산을 쓰고 첫째를 데리고 백 미터쯤 떨어진 병원에 갔다. 진료를 마치고 약국에 들르면서 내다보니 밖에서는 또 눈이 펑펑 날린다. 진서는 벌써 밖으로 뛰쳐나가고 싶어 안절부절못한다. 약이 나오기를 기다리는 동안에도 이쪽 문으로 나갔다가 저쪽 문으로 들어오고 저쪽 문으로 다시 나가서 눈을 집어 핥지를 않나, 눈을 뭉쳐 벽에 던지지를 않나. 신이 나서 뛰어다니는 아이에게 "너 그러면 엄마 혼자 갈 거야!" 하고 으름장을 놓았더니 마지못해 들어와 내 옆에 앉았다. 정신이 하나도 없는 와중에 드디어 약을 받아서 다시 둘째를 안고 포대기를 덮고 파카를 입는 중에 이 녀석이 또 먼저 뛰쳐나갔다. 서둘러 우산을 쓰고 밖으로 쫓아 나갔는데 아이가 보이지 않았다!

혹시 이쪽 문으로 들어갔나, 저쪽 문으로 갔나, 눈싸움 하려고 이쪽 주차장에 갔나. 눈사람 만들려고 공터로 갔나… 이곳저곳을 기웃거려 보아도 없다.

함박눈은 쏟아지고 품에 안긴 둘째는 점점 무겁게 허리를 짓누르고 길은 미끄럽고 우산을 든 손은 점점 힘이 빠져가는데 아이는 온데간데없다. 형들 몰려 있는 문구점 앞 닌자고를 보고 있나, 아니면 그 옆에 있는 슈퍼에 가서 과자를 구경하고 있나. 혹시 내가 엉뚱한 곳을 찾고 있는 동안 아이가 약국으로 도로 가면 어쩌지?

발을 동동 구르며 다급하게 아들의 이름을 부르는데 아이는 없고, 아이 비슷한 아이도 없고 사람들은 무슨 일 났나 하고 힐끔힐끔 쳐다본다. 이 동네 이사 온 지 한 달밖에 안 되어 길도 모를 텐데, 아직 우리 집 동과 호수도 못 외웠는데, 어린이집 갔다 오는 길이라 미아방지 목걸이도 안 했는데, 이렇게 춥고 길은 미끄럽고 눈도 쏟아지는데…. 머리가 팽팽 돌고 헛구역질이 나온다. 전봇대를 붙잡았다. 어쩌지? 나 어떡하지? 아이가 없어졌어!

발길을 돌려 약국에 갔다.

"검은색 파카를 입고 있어요. 어린이집 가방을 메고 있고요. 빨간색 우산을 쓰고 있어요. 제 전화번호 드릴게요. 보시면 연락 좀 주세요."

'진서야!' 하고 외치며 다시 밖으로 나왔다. 품 안에 있던 둘째가 상황을 눈치챘는지 "음바~ 음바~" 하고 저도 오빠를 부른다. 눈물인지 눈발인지 눈앞이 흐릿하다. 가게란 가게는 다 들여다보고 골목이란 골목은 다 기웃거렸다. 저만치 아들의 어린이집이 보인다. 이 동네에 아이가 아는 유일한 장소. 저기에 없으면… 정말 나 혼자 집에 들어가야 하나? 안 돼, 그럴 수는 없어. 길에서 얼어 죽어도 찾아내야 해. 무슨 일이 있어도 혼자 들어갈 순 없어. 저기에 있어야 해.

어린이집 앞에 가 보았지만 없다. 어린이집 뒤에 있는 놀이터에 가 보았다. 역시 없다. 어쩌지? 어쩌지? 놀이터 구석에 아이가 좋아하는 기차모형이 있다. 혹시…?

아이는 거기에 있었다. 기차 뒤에 매달려서 눈을 보고 있었다.

"진서야!"

나를 보자마자 "으앙!" 울음을 터트린다.

"너 지금 뭐하는 거야!" 놀란 가슴을 애써 진정시키며 큰소리를 내니 아이가 울면서 말한다.

"엄마가 나 놔두고 먼저 간 줄 알고 여기서 기다리고 있었어."

나는 아무 말도 못 하고 아이를 와락 끌어안았다.

"다행이다. 정말 다행이다. 고마워. 다른 곳 안 가서 정말 고마워!" 둘째도 오빠를 다시 만나 안심했는지 "음바~ 음바~" 하면서 오빠 머리를 쓰다듬는다. 아이의 손을 꼭 잡고 집으로 돌아오는데 그제야 눈물이 주르륵 흘렀다. 이 아이를 잃어버렸으면 나는 얼마나 지옥같이 살았을까. 아까 약국에서 "너 자꾸 그러면 엄마 먼저 가버릴 거야" 했던 이 한마디를 얼마나 후회하면서 살았을까?

이제 치카치카 안 한다고, 밥 먹을 때 딴짓하고 어린이집 갈 때 꾸무럭거려서 맨날 지각한다고, 같은 반 아이들 다 쓰는 자기 이름 석 자 혼자 못 쓴다고 구박하지 말자. 그런 게 뭐가 중요하겠어. 옆에만 있어준다면, 건강하게 이렇게 있어만 있어준다

면 그걸로 감사하잖아.

그렇게 집으로 올라오는 사이, 아이는 벌써 아까 일을 잊어버렸는지 눈사람을 만들고 싶다고 나를 조른다. 그래, 만들자. 우리 진서가 이렇게 건강하게 웃어줄 수 있다면 이 추위쯤이야, 내 몸 힘든 것쯤이야. 둘째까지 합세해서 눈사람을 만들고 눈싸움도 하고 놀이터에 가서 눈 쌓인 미끄럼틀을 타고, 눈썰매까지 가지고 나와 신나게 탔다. 추위에 빨개진 볼, 아이가 내뿜는 입김, 아이가 만든 삐뚤어진 꼬마 눈사람, 아이의 모든 행동과 눈짓 말 한마디 한마디가 어찌나 사랑스럽고 애틋하던지. 한참을 놀다가 집으로 돌아와 싸악 목욕 시키고 따뜻한 코코아를 타주니 아이들은 빠알간 볼을 하고는 코 잠이 들었다. 잠든 아이들의 평화로운 얼굴을 한참 바라보았다.

다음 날 나는 호된 감기몸살에 걸렸다. 온몸이 쑤시고 콧물이 쉴 새 없이 흘러내려 도무지 무엇에 집중할 수가 없었다. 코 막힘과 두통을 참으며 듬성듬성 읽었던 『뭐라도 되겠지』에 이런 이야기가 나온다.

"가끔 그런 질문을 받는다. 소설을 쓰면서 당신은 어떻게 바뀌었냐고. (속으로) 깜짝 놀란다. 바뀐 걸 어떻게 알았지? 맞다. 바뀌

었다. 나는 소설 덕분에 바뀌었다. 달라졌고 (내가 보기에) 조금
은 나은 사람이 됐다. 다른 사람의 삶에 대해 조금 더 관심을 가
지게 됐고, 다른 사람의 이야기를 조금 더 열심히 듣게 됐다. 한
편의 소설을 끝내기 위해서는 수많은 선택을 해야 한다. 주인공
을 죽일지 살릴지, 왼쪽 길로 보낼지 오른쪽 길로 보낼지. '그리
고'라고 쓸지 '그러나' 라고 쓸지 '그런데'라고 쓸지 선택해야 한
다. 무수히 많은 선택 사항을 썼다가 지운다. 나는 그 무수한 선
택들을 거쳐왔다. 나는 그게 내 삶과 무관하지 않다고 생각한다.
소설 속의 선택과 현실 속의 선택은 분명 다르지만 선택하기 위
해 결정하는 방식은 언제나 똑같다. 하나를 취하면 하나를 버려
야 한다. 버린 것은 돌아보지 말아야 하고 취한 것은 아껴 써야
한다. - 김중혁, 『뭐라도 되겠지』 중에서

이걸 내 식으로 바꾼다면 이런 거다. 아이를 키우면서 당신은
어떻게 바뀌었느냐고 물어보는 사람은 없지만 나는 가끔 놀란
다. 내가 바뀌었다는 걸 내가 알기 때문이다. 나는 아이를 키우
면서 바뀌었다. 조금 나은 사람이 되었는지는 모르겠지만, 조금
은 약한 사람이 된 것 같다. 어디에도 뿌리내리지 않고 바람처
럼 떠돌 거라고 호기롭게 말하던 나는, 이제 아이가 30분만 보
이지 않아도 지옥으로 떨어지는 사람이 되었다. 강자 앞에서 눈

치 보는 사람이 되었고, 가진 것을 뺏기기 싫어하는 인간이 되었다. 아이들이 살아갈 내일을 사서 걱정하는 사람이 되었다. 엄마라는 이름의 희생이나 거대한 모성이 만들어진 이데올로기이고 학습의 산물이라고 욕하면서도 가끔은 (아주 가끔이지만) 절절하게 모성적인 인간이 되었다.

아이를 키운다는 건, 전적으로 나에게 의지하는 존재를 키우는 일인데, 설상가상으로 (단어나 문장부호 하나까지 저자 마음대로 할 수 있는 소설과 달리) 아이는 내 마음대로 할 수도 없다. 아니, 정확하게는 내 마음대로 움직여주지 않는다. 그리고 결정적으로 아이는 내 것이 아니다. 그럼에도 나에게서 큰 영향을 받는다. 그렇기에 나는 무수히 많은 선택사항 속에서 길을 잃고 방황하고 징징대면서 짜증 내기도 한다. '아이를 위해'라고 말하며.

하지만 솔직하게 말하면 전적으로 '아이를 위해'라는 일은 없다. 다 나를 위해서다. 빨간 볼을 하고 코코아를 마시는 아이들이 너무나 사랑스러워서, 그런 기쁨을 주는 것만으로도 사무치게 고마워서, 아이들이 세상에 있어주는 것만으로도 완전한 행복을 느낀다. 그러니 버린 것은 돌아보지 말고, 취한 것은 아껴 쓰자. 아이와의 시간을 소중하게 여기고 아끼자. 다만 사랑만은 아끼지 말아야겠다.

심리학은 옳았다

에릭 프롬의 『사랑의 기술The Art of Loving』에는 사랑에 대한 유명한 명제가 나온다. 사랑은 대상의 문제가 아니라 기술의 문제라는. 이 말을 나는 이해할 수 없었다. 사랑은 전적으로 '대상의 문제' 아닌가? 그렇지 않다면 그 많은 책과 드라마 속의 연인은 도대체 무엇이란 말인가!

나의 10대 시절과 20대의 멘탈을 장악한 건 드라마였다. 「발리에서 생긴 일」의 하지원과 조인성의 아픈 결말. 「미안하다 사랑한다」에서 임수정과 소지섭의 사랑은 또 어떻고. 「네 멋대로 해라」의 양동근과 이나영의 사랑이 운명이 아니라면 이동건과 공효진은 어쩌라고. 「최고의 사랑」에서 공효진과 차승원의 사랑이 운명 같은 게 아니라면 완벽한 서브남 윤계상이 너무 불쌍하잖아. 그들이 사랑이 운명이 아니라면 「미남이시네요」의 정

용화는 왜 쓸쓸히 돌아서야 했느냔 말이다.

만화들도 마찬가지다. 「꽃보다 남자」에서 츠쿠시는 레이가 아닌 츠카사를 택하고 「별빛속에」의 시이라젠느는 아르만을 버리고 레디온을 선택한다. 그들은 어째서 버려지는가? 흑발이 아닌 금발이기 때문에? 왜 안하무인 주인공보다 훨씬 사려 깊고 다정하고 아름다운 서브남들이 버려져야 하느냐 말이다.

그들이 버림받는 이유는, 사랑이 당사자도 어쩔 수 없는 대상의 문제 즉, 운명적 끌림이기 때문이라고 생각했다. 로미오가 줄리엣을, 인어공주가 인간 왕자를 사랑하는 데 무슨 논리와 이유가 필요하단 말인가! 개인이 어찌할 수 없는 운명의 소용돌이가 아니라면, 치명적인 매력을 가졌음에도 끝내 차이고 마는 이들의 팔자를 설명할 길이 없다. 드라마와 만화가 아닌 노랫말과 영화에서도 사랑은 거부할 수 없는 끌림이고 영혼의 반쪽이기에 네가 아니면 안 된다고 절규하고 있지 않은가!

고달팠던 첫사랑과 20대 초반 어리버리한 몇 번의 만남을 거친 뒤 나는 자학에 빠졌다. 왜 내 사랑은 이렇게 (드라마나 만화와) 다를까? 다음번에 괜찮은 사람을 만나면 달라질까? 왜 나에게는 소지섭, 조인성, 원빈이 나타나지 않는 걸까? 아쉬워하고 분노하고 있는데 주변에서 친절하게 알려주었다. 그건 네가 김태희가, 이나영이, 송혜교가 아니기 때문이야. 젠장!

그래서 나는 나를 바꾸면 된다고 생각했다. 예쁘게 꾸미고 옷도 잘 입고 책도 많이 보고 말도 잘하고 술도 잘 마시고 잘 놀면, 더 사랑받을 수 있을 거야. 나는 덫에 빠지고 말았다. 그렇게 해서는 사랑받을 수도 없거니와 혹 사랑받는다고 해도 자폭할 수밖에 없는 덫. 내가 이러이러하기 때문에 사랑받는다는 (원래의 나는 사랑받을 자격이 없다는, 혹은 진짜 내 모습을 알면 사랑하지 않을지도 모른다는) 좌절만 남을 덫.

그러다가 끝내 지쳐버렸다. 사랑은 사치일 뿐이라는 사치스러운 말을 주워섬기며 과학 지식 뒤에 몸을 숨겼다. 설렘은 종족 보존을 우선하는 DNA 때문이고 관계를 지배하는 건 관성의 법칙이다. 사랑한다는 느낌은 호르몬의 장난이므로 설레는 감정은 짧으면 3개월, 길어도 3년을 넘지 못한다. 첫사랑을 잊지 못하는 것은 한계효용체감의 법칙 때문이고 선녀가 나무꾼을 떠나거나 인어공주가 끝내 물거품이 되고 마는 것은 그들의 한계비용 때문이다. 개츠비가 결국 파국을 맞은 건 매몰비용을 기회비용으로 잘못 생각해서다. 요컨대 공짜 점심이란 없는 거다. 그렇게 사람들의 행동을 수익 대비 비용 개념으로 생각하며 나는 나의 합리적 판단 능력을 자신했다.

모든 행동을 경제학적으로 분석하려 한 것 역시 지식으로의 회피였다. 읽지도 않을 책을 미친 듯이 사 모은 것도 마찬가지.

지식으로 갑옷을 두르고 분석으로 만든 방패를 치켜들고 나는 경계했다. 사랑과 사랑처럼 보이는 것들을 구별하지도 못하면서, 감정에 빠지지 않으려 안간힘을 썼다. 그러나 속으로는 갈피를 잡을 수 없었다. 어디서부터 어떻게 해결해야 할지도 모른 채 늪에 빠진 기분이었다. 이유도 몰랐고, 알고 싶지도 않았다. 해결방법도 없었다. 정도만 다를 뿐 비슷한 사람들을 만나 비슷한 과정을 되풀이했으니 어차피 다음 연애도 다르지 않을 것이었다.

나는 화려한 연애나 실컷 즐기면서 살겠다고 다짐했다. 누구의 아내, 누구의 엄마 같은 건 되지 않겠다고 결심했다. 그러니 나에게 사랑은 여전히 대상의 문제였다. 시간이 갈수록 더욱더 공고해지는, 나를 사로잡는 대상의 문제.

그때쯤 『사랑을 선택하는 특별한 기준』을 읽었다. 충격이었다. 바깥으로만 향하던 촉수가 순식간에 안으로 모아졌다. 세계의 중심축이 내 안으로 들어왔다. 지금까지의 내가 그제야 보였다. 이유도 모른 채 더 큰 자극, 더 큰 고통, 더 자극적인 아픔을 찾아 헤매던 내 모습. 처음으로 생각했다. 어째서 나는 한 번도 '왜?'라고 질문하지 않았을까? 왜 내가 겪는 모든 고통에 원인이 있다고 생각하지 않았을까? 왜 모든 게 나의 의지가 약해서, 능력이 없어서, 재수가 없어서… 라고만 생각했을까?

연애가 안 풀렸던 건 친숙한 관계를 두려워한 무의식적 성향이고, 죽어라 일만 했던 건 결핍을 다른 곳에서 메우고 인정받으려 하는 전형적인 중독 증상이다. 하나를 깨닫자 고구마 줄기를 들어 올리듯 내 안의 결핍들이 줄줄이 모습을 드러냈다.

그중에서도 가장 아팠던 건 그 많은 행위가 결국은 진짜 고통을 회피하려는 방어의식이자 감정을 마비시키는 짓이었다는 깨달음이었다. 실연을 당하면 절절히 슬퍼하고 애도하는 대신 증명과 숫자가 지배하는 과학 책이라는 건조한 세계로 도망쳤다. 생활 속에서 관계를 맺는 대신 그래프와 법칙으로 무장된 경제이론으로 도피했다. 스스로 나는 합리적이고 논리적인 인간이라 자신하면서도 밤마다 술에 절어 정신을 놓아버리고 했다. 또 다른 나를 감싸 안지도 인정하지도 못하고 있던 건 아닌지.

내 인생의 모든 지랄을 소진하고서야, 사랑은 대상의 문제가 아니라 대상을 선택하는 나 자신의 문제가 되었다. 생후 3세까지 엄마와의 애착관계가 무의식의 태반을 구성하고, 6세까지의 경험이 관계 맺는 방식을 좌우한다는 건 이제 상식이 되었다. 유아기의 결핍과 방어본능이 지금의 나를 만들었다는 것도 이미 알고 있다.

김형경 작가는 이렇게 말했다. "사랑을 선택하는 특별한 기준이라는 말은 곧 사랑을 선택하는 병리적 기준이라는 말이다."

이 말은 곧 우리는 사랑을 선택할 때 자신의 무의식을 반영하는 대상을 선택한다는 말이다. 그 선택의 메커니즘은 무엇일까?

『가족Bradshaw On: The Family』은 읽는 내내 책장을 덮고 먼 곳을 응시하게 하는 책이다. 이 책은 어느 가정이나 가족 안에서 개인의 역할이 있다고 한다.

> 대리 배우자, 작은 부모, 마스코트, 성자와 영웅과 희생양. 이러한 역할명을 강조한 것은 그 역할이 고정되어 있다는 것을 보여주기 위함이다. 이 역할들은 개인이 선택한 것이 아니라 체계의 필요로 생긴 결과다. 사람들은 본래 진공 상태를 싫어한다. 그래서 아이들은 체계의 공공연한 필요와 은밀한 필요를 채우기 위한 일을 자동으로 하게 된다.
>
> ─존 브래드 쇼,『가족』중에서

엄마가 걸핏하면 아프다며 드러눕는다고 하자. 엄마의 자리는 가족의 체제 안에서 빈자리가 되고 어느새 딸 중 하나가 엄마의 역할을 맡게 된다. 엄마와 아빠의 사이가 좋지 않을 때 어떤 아이는 솔선하여 영웅의 역할을 맡는다. 위태로운 가족의 모습을 숨긴 채 가족의 명예를 높이는 것이다. 어떤 아이는 똑같은 상황에서 약물과 문제행동으로 부모의 초점을 흐려놓는다.

실제로 이런 가족은 자녀 덕분에 공동의 관심사가 생겨 부모 자신의 문제를 외면할 수 있다. 이처럼 모든 가족의 구성원은 체계 안에서 역할을 수행하는데, 이때 건강한 가족과 병든 가족의 다른 점이 분명하게 드러난다. 건강한 가족은 구성원이 돌아가면서 다양한 역할을 맡는데, 병든 가족은 고정된 역할에 머문다. 개인이 선택해서가 아니라 체계의 필요에 의해.

나의 어린 시절을 생각해 본다. 오빠와 나 그리고 동생은 가족 안에서 각자 어떤 위치였을까? 엄마와 아빠도 생각했다. 10년간 아이를 못 낳아 쫓겨나기 직전에 엄마를 가졌다는 할머니를 생각했다. 9남매의 막내인 아빠와 큰아버지들도 생각했다. 엄마와 아빠는 가족 안에서 어떤 모습이었을지, 지금껏 한 번도 그려 보지 않았던 일상을 그려 보았다. 아침에 일어나 어떤 일을 하고 어떤 대화를 나누고 무슨 이유로 웃고 무슨 이유로 슬퍼했을까.

다음에는 친구들의 얼굴을 한 명씩 떠올렸다. 나이가 같고 같은 학교에 다녔다는 것 말고는 전혀 공통점이 없어 보이던 그녀들의 공통점이 선명하게 떠올랐다. 그제야 골라도 그렇게 고를 수는 없을 거라는 생각이 들었다. 뒤이어 연애했던 몇 명의 남자들을 떠올렸다. 가물가물한 그들의 집안 사정까지 최대한 기억을 더듬어 보았다.

슬펐다. 내가 사랑을 선택하는 기준이 보여서. 그것도 형광펜으로 줄을 쳐놓은 듯 확실하게 보였다. 그 비밀은 가족 안에 있었다. 심리학의 명제는 진정 옳았다. 우리는 어린 시절의 경험을 바탕으로 성격을 형성하고 그 경험을 추구한다. 내가 선택한 남자들은, 경중의 차이만 있었을 뿐 모두 가정 안에서 같은 역할을 했(던 것 같)다. 아마도 평강공주와 온달도 로미오와 줄리엣도 그 많은 드라마와 만화의 주인공도, 자신이 어린 시절에 경험한 결핍을 채워줄 수 있는 사람을 만났을 거다. 강압적인 엄마를 둔 츠쿠시는 엄마에 맞설 만큼 씩씩한 츠카사를, 엄마 없이 자라 아픔을 가진 『인어공주를 위하여』의 푸르뫼는 장녀로서 대리 엄마 역할을 하던 이슬비를 선택할 수밖에 없었을 것이다. 내가 만난 남자들은 나와 헤어진 뒤에도 나와 비슷한 다른 여자를 만났을 것이다.

다시 우리 부모님과 나의 환경을 생각해 본다. 나는 학대받지 않았고 맞은 적도 없다. 맞벌이하느라 바빴던 부모님은 일일이 신경 써주지는 못했어도 관심이 없진 않았다. 부모님은 그 시절 그분들이 가졌던 딱 그만큼의 상식으로 나를 키웠다. 나는 딱 그만큼의 사람으로 자랐다. 세상에 완벽한 부모가 없는 것처럼 완벽한 사람도 없고, 우리도 정도의 차이만 있을 뿐 어느 정도의 문제를 안고 살아간다. 그 약간씩의 문제와 결핍이 성격과

개성과 창의성으로 드러난다. 우리가 하나같이 완벽해질 필요가 어디에 있단 말인가!

그렇기에 또 생각한다. 각자의 결핍으로 사랑을 선택해서 그 사랑으로 서로가 행복하다면 그게 무슨 문제란 말인가. 사드 후작과 공작부인이, 아나스타샤는 그레이를, 바보 온달이 평강공주를, 인어공주가 물거품이 되는 것을, 이자벨 위페르가 나오는 「피아니스트」에서 여교수와 제자가 으응 흐응 오홍 하항 한다고 해서 그게 어쨌단 말인가. 그들이 천생연분인지, 변태 커플인지, 질긴 운명의 끈인지를 누가 판단한단 말인가? 결국 사랑과 사랑이 아닌 것을 결정하는 건 본인의 불편함일 뿐인데.

> 사람들은 오로지 자신이 경험한 것과 같은 관계만을 추구하는 경향이 있다. 사람이 가지고 있는 가장 강렬한 경험은 자신의 원가족과의 관계다. 우리는 대부분 자신의 부모들이 지니고 있던 장점들과 단점들을 가장 많이 지니고 있는 배우자를 선택한다.
> ―『가족』중에서

결국 사랑은 대상이 아닌 기술의 문제다. 사랑의 대상을 선택하는 기준이 이미 우리의 무의식에 존재한다면 지지고 볶는 것도 다 자기가 좋아서 하는 짓이다. 그렇지만 그게 기술의 문제

임을 인식하지 못하면 결국 또 비슷한 사람을 찾아 비슷한 서사를 거쳐 비슷한 결말로 치닫게 될 뿐이다. 그리고 호르몬은 힘이 세다. 우리의 사랑은 3년을 넘지 못한다.

그런데 이게 끝이 아니다. 서로의 부족함을 보완하면서 엎치락뒤치락 찰떡궁합으로 잘 산다 치자. 어쩌다 사회적인 관습에 따라 결혼을 한다 치자. 평범한 부부처럼 아이도 낳는다 치자. 이제 문제의 차원은 지금까지와는 달라진다. 그 문제는 나만 좋으면 땡이지 하고 끝나기에는 조금 무섭다.

> 자기애가 손상된 부모가 만족을 얻을 수 있는 가장 손쉬운 대상은 자신의 자녀들이다. 자녀는 부모의 통제하에 있다. 자녀는 부모에게 복종할 것이다. 복종하지 않는 것은 죽음을 뜻하기 때문이다. 자녀는 부모의 잃어버린 자기애적 만족을 돌려줄 수 있는 부모의 유일한 소유물이다. ―『가족』 중에서

자신이 받지 못한 것을 자녀에게 줄 수는 없기에 그 자녀는 또다시 역기능 가족의 피해자가 되기 쉽다. 아이의 목숨을 담보로 (실제로 생애 초기 엄마가 없으면 아이는 생명을 유지할 수 없다) 부모는 자신의 잃어버린 만족을 채운다. 착취할 수도 있다. 의식적이든 무의식적이든.

결국 사랑은 같은 방식으로 되풀이하여 변주된다. 생애 초기 사랑을 받고 커가면서 사랑의 패턴이 다져지고, 성인이 되어 연인과 사랑을 나누고 아이가 태어나면 다시 비슷한 사랑을 아이에게 준다. 그렇기에 사랑은 기술이라는 에릭 프롬의 말을 들어야 한다. 음악이나 그림, 건축, 의학, 공학 등의 기술을 배우는 것처럼 우리는 사랑도 배워야만 한다.

한글공부를 금하노라

어제 저녁이었다. 친구에게서 전화가 왔다. 안부전화인 줄 알았는데 알고 보니 아들 자랑 전화였다. 친구의 아들은 진서보다 6개월 빠르다. 그런데 한글을 혼자 깨쳤단다. 그것도 벌써 1년 전에!

친구의 말은 이랬다. 책을 읽어주다 보니 한글에 관심을 갖더라. '조금' 신경 써서 한글을 차근차근 알려줬다. 곧 글자 쓰기에도 관심을 보이더라. '조금(이게 포인트다!)' 신경 써주었더니 어느새 편지를 혼자 쓰더라. 요즘엔 맞춤법이 틀려서 또 '조금' 신경을 써주고 있다. 아이는 요즘 그림책을 베껴 쓰고 있다고 (그게 '조금'이냐?) 말하면서 슬쩍 우리 아들의 한글 스코어를 물어본다.

"아직 자기 이름도 못 쓰는데…."

그러자 뜻밖이라는 듯 호들갑스러운 한마디가 날아온다.

"어머, 너 애한테 책 통 안 읽어주는구나?"

읽어줘! 읽어준다고! 하루에도 열두 권도 넘게 읽어주고, 책 읽어달라면 거절한 적 없다고. 밤에 내가 먼저 잠들어서 그렇지, 잘 때도 꼬박꼬박 읽어준다고! 우리 아들도 한글에 관심 보인 적 있었어. "나무의 '나'랑 나비의 '나'랑 똑같네" 할 때 있었단 말이야. 그게 벌써 2년이 다 되어가는 옛날 일이야. 그때 하필 둘째가 태어난 걸 어떻게 해. 그때는 책 더 읽어달라고 조를 때마다 망태 할아버지가 잡아간다고 협박했던 엄마가 바로 나인 걸 어쩌란 말이야. 그 후로 우리 아들은 한글에 관한 관심을 끊었고, 지금은 반에서 자기 이름을 못 쓰는 유일한 아이가 되었다. 그래, 결국은 다 내 탓이다, 이거지?

오늘 아침 일어나면서 결심했다. 어차피 둘째가 어린이집에 가면 일을 하거나 대학원에 갈 테니까 아이와 함께 있는 동안만큼은 교육에 헌신하리라. 아니 헌신까지는 아니어도, 적어도 한글 정도는 함께 공부하는 엄마가 되리라. 그동안 내가 게으르긴 했지. 학교 가기 전에만 알면 된다고, 글씨를 너무 빨리 알면 상상력이 없어진다고 아는 척했지만 사실 가르쳐주기 귀찮아서 그랬던 것도 있었잖아. 그래, 방학 동안 교육의 화신이 되어주겠어!

그렇게 한글공부가 시작되었다. 책장 속에 아무렇게나 꽂혀

있는 한글교재를 꺼내 탁 펼쳤다. 자, 봐 봐. 그아그아 가! 느아 느아 나! 따라 해 봐. 오, 제법 하는데? 자, 이제 네 이름을 어떻게 쓰는지 가르쳐줄게. 써 봐. 점점이를 찍어주고 그 위에 글씨를 쓰게 했는데 아, 속 터진다. 어느새 목소리가 한 옥타브 올라간다. 위에서 아래로! 왼쪽에서 오른쪽으로 쓰는 거야!

이젠 엄마, 아빠, 사랑해요. 이런 거 써 볼까? 오른쪽 왼쪽을 알 리 없는 아들은 이번에도 이상한 순서로 따라 그리고, 내가 핏대를 올리며 참견하자 결국 연필을 내던지고 만다. 에이, 나 안 할래!

그래, 너만 안 하느냐. 나도 안 한다. 아휴, 저 녀석이 누굴 닮아서 저러나 몰라! 라고 물론 말하지는 않았지만 어떻게 해야 할지 감을 잡을 수가 없다. 남들 다 한다니까 싫다는 놈을 기어이 붙잡아 앉혀놓고 화를 내면서 시키는 게 맞는 건가, 본인이 관심을 가지고 가르쳐달라고 할 때까지 기다려야 하나. 기다린다면 정말 아이 스스로 관심을 보이기 전까지 마냥 손 놓고 있어야 하는 건가?

한글이야 언젠가 당연히 가르치겠지만, 영어는, 미술은, 태권도는, 피아노는…? 가장 중요한 건 엄마의 중심이라는데, 왜 이래, 나도 중심 있는 엄마였다고! 그런데 친구의 전화 한 통에 이리도 흔들리는 나를 보니 중심이라는 게 정말 있기는 했는지 나조차 의심스럽다.

『고등어를 금하노라』는 건축가인 저자가 독일 남자와 결혼해 아들 하나, 딸 하나를 낳고 자유롭게 사는 이야기다. 그들은 돈 때문에 일하지는 않겠다고 선언하고, 자동차 대신 튼튼한 두 다리로 자전거를 탄다. 난방기를 켜는 대신 따뜻한 물주머니를 안고 자고, 독일에서 바다생선은 말도 안 된다며 식탁에서 고등어를 금한다. 그뿐인가, 제철 아닌 계절에 딸기를 먹는 것은 변태라고 비판한다! 이들은 아이 교육을 어떻게 시켰을까? 그들은 공부도 연애도 놀이도 절대로 강요하지 않았다고 한다.

그녀는 자신도 초보 부모이기 때문에 자식의 앞날이 불안한 건 마찬가지였다고 고백한다. 하지만 '자녀 교육의 궁극적인 목적은 부모의 도움으로 잘 사는 게 아니라, 부모의 도움 없이 잘 사는 것'이기에 교육에 관심이 많았단다. 단, 성적에는 크게 의미를 두지 않았다고 한다. 아이들의 놀이 과정이 학교의 교과 과정과 일치하지 않는 것은 애들 책임이 아니기 때문에. 부모는 다만 아이들이 본능적인 열정으로 공부하도록 이끌어줘야 한다고 말한다.

아들이 게임을 하고 싶어 할 때 그들 부부는 자기가 할 게임을 직접 만들도록 프로그래밍을 가르친다. 학교 성적이 좋지 않다며 염려하는 선생님에게, 우리 아이들은 정서적으로 문제가

없기 때문에 언젠가 공부를 잘할 테니 심려 마시라고 한다. 받아쓰기를 못한다는 얘기를 듣고, 언어 실력은 맞춤법이 아니라 정확한 사고에 있으니 아이가 지금의 받아쓰기 점수를 자신의 언어능력이라고 착각하지 않도록 선생님께서 용기를 북돋아달라고 부탁한다. 아이가 난독증 판정을 받자 사람은 누구나 핸디캡이 있게 마련이니 그것을 극복하거나 적응하는 경험을 일찍부터 쌓는 것도 인생의 큰 공부라고 이야기한다. 딸이 고등학교를 졸업하기 전에 임신하면 어떻게 되냐고 문자 "어떻게 되기는? 우리 아직 건강하겠다, 부모가 힘껏 도와줄 텐데 아기 키우면서 공부하면 되지 무슨 걱정이야? 그런 걸로 사람 인생 안 망쳐. 그런 것보다 더 무서운 건 우울증이나 마약 같은 마음의 병이야. 그건 부모가 암만 도와주고 싶어도 도와줄 수 없잖아"라고 말한다.

도대체 어떤 마음으로 어떻게 아이를 키우면 이런 깊이와 넓이를 가질 수 있단 말인가? 이런 교육도 있고 이런 가족도 있는데, 친구의 전화 한 통화에 눈이 뻘개져서 가나다라를 가르치던 내가 얼마나 한심하던지.

엄마들은 말한다. 다 아이를 사랑하고 아이를 위해서 하는 거라고. 물론이다. 사랑하지 않는다면 이런 고민 따위 하지도 않는다. 그렇지만 우리들 모두 너무 안이했던 건 아닐까? 더 중요하고 더 큰 것은 생각하지 못하고 그저 남들이 한다니까 조바심을 내고, 다른 사람들의 눈을 신경 쓰느라 정작 내 아이를 보지 않은 건 아닐까? 아이가 원하는 게 무엇이고 무엇을 어떻게 해줘야 하는지 고민조차 하지 않았던 것 아닐까?

솔직히 자신이 없다. 한두 번 실수로 인생 망가지지 않는다는 말에 나도 동의한다. 그렇다고 고등학교 졸업하기 전에 임신해도 문제 없다고 얘기해줄 수 있을까? 중요한 결정은 스스로 내리는 거라고 당연히 알려주어야 한다. 하지만 수험생 아들이 학교를 그만두고 회사에 취직하겠다면 응원해줄 수 있을까? 언어 실력은 정확한 사고에 있다는 것에 동의하지만 초등학교 입학하자마자 받아쓰기 하고 알림장도 써야 할 텐데, 아이가 한글을 몰라서 담임선생님에게 호출이라도 당하면 저토록 당당하게 이야기할 수 있을까?

나는 아이들이 어린이집에 다닐 때부터 늘 강조했다. '너에 관해서 너보다 더 잘 아는 사람은 없어. 엄마아빠도 네 일에 관해서 너보다 더 잘 알 수는 없어.' 그러니, 때로는 사회통념이나 예의범절을 무시하더라도 자기 내면의 소리에 귀 기울일 수 있는 자유를 주어야 한다. 때로는 세상의 이목과 부모의 반대를 무시할 수도 있다고 가르쳐야 하고. 세상에서 자기 일에 관해 가장 잘 아

우리 애가 글쎄!
한글을
술술술...
천잰가?
천잰가아?

우리 애도
시키기만 하연...
끄응.

자!
써보자
응??
힘
아니다..
그만하자
하암
힘

엄마!
이거...
응?
뭔데??
엄마
사랑해

는 사람은 엄마아빠가 아니라 본인이라고, 스스로 판단을 믿으라고 용기를 북돋아주어야 한다.

– 임혜지, 『고등어를 금하라』 중에서

그래, 지금은 엄마랍시고 이렇게 교육이다 뭐다 부산스럽게 챙기고 있지만, 생각해 보면 나 역시 그랬다. 이래야 하고 저래야 한다는 강압적이고 획일적이고 천편일률적인 그 모든 것들에 대해 분노하고 거부해온 내가 아니던가. 온갖 모범적인 (하나마나한) 말을 해대는 사람들에게 (속으로) 수십 번을 쏘아붙이지 않았던가. "너나 잘하세요!" 혹은 "잘 알지도 못하면서!"

엄마라는 이유로 강요할 수 있는 건 없다. 내가 줄 수 있는 건 믿음과 용기, 세심하고도 꼼꼼한 관심뿐. 그러기 위해 허구한 날 닌자고만 보는 저 TV부터 없애야지. 그리고 한글공부를 금해 볼까? 아들의 창의력과 상상력을 키워줄 놀이에 더욱 집중해 보는 거야. 아이가 날개를 펴고 훨훨 날 수 있도록.

엄마, 참 잘했어요

첫째의 문제행동으로 상담했을 때, 원장선생님은 양육방식이 문제라고 했다. 아이가 선택할 수 있는 자유의 경계가 모호했다고. 지나친 칭찬으로 아이를 대하지 않았냐고. 엄마가 너무 완벽한 환경을 제공한 것 같다고도 했다. 내가 정말 그랬을까? 아이의 분리불안 때문에 회사를 그만두었고 그만두자마자 둘째를 임신했다. 아이에게 미안하고 잘해주지 못한다는 마음이 컸던가? 그래도 설마 완벽한 환경이었다니….

선생님은 세 가지 조언을 해주셨다.

첫째, 아이에게 책임을 주고 인정해줘라('네가 최고야' 하지 말고 '다섯 살 형아니까 당연하다'고 말해라).

둘째, 지시하거나 설득하지 말고 예상되는 행동의 장단점을 설명하고 스스로 선택하게 해라. 실수와 실패에 대한 경험을 많이 하게 해라.

셋째, 규칙은 꼭 지키게 한다. 규칙은 바꿀 수 없고 무조건 해야 한다는 걸 이해시켜라.

그리고 이 모든 과정에서 엄마가 화를 내면 지는 거다. 절대 화내지 않고 인정하고 기다려라.

아들의 갱생 프로젝트 첫날이 밝았다. 오전 일곱 시 반. 아이가 밥을 먹지 않겠다고 떼를 쓴다. 평소 같으면 이래저래 달래서 억지로 먹이다 결국 화를 냈을 것이다. 마음을 가라앉히자, 오늘은 프로젝트 첫날이다. 절대 화내지 말자. 최대한 상냥하게 타일렀다.

"엄마가 규칙을 알려줄게. 밥을 차리고 30분을 기다릴게. 그동안 밥 먹으러 오지 않으면 그냥 치울 거야."

간신히 식탁에 앉혔지만 밥알만 세고 있다. 벌써 가슴이 부글부글. 30분만 참자. 차라리 딴생각을 하자. 차라리 청소하자. 차라리 설거지하자. 차라리 머리를 감자. 30분이 지났다. 아이는 반의 반도 먹지 않았다. 시간도 없는데 이걸 일일이 퍼먹여줘야 하나, 말아야 하나. 간신히 침착하게 말했다

"자, 그럼 규칙대로 그냥 치울게."

오전 여덟 시 반. 세수하는데 아이가 물었다.

"엄마, 어항에 물고기 밥 줘도 돼요?"

평소 같으면 "아냐, 엄마랑 같이 주자" 했을 텐데 원장선생님의 말을 떠올렸다. 무슨 일이든 스스로 하게 하라고 했지?

"그래, 네가 혼자 줘 봐."

1분쯤 지났을까, "악!" 하는 비명소리가 들려 급히 나가 보니 온 거실 바닥에 쌀알보다 작은 물고기 밥이 좍~ 펼쳐져 있다. 통에서 한 움큼 꺼내려다 엎지른 모양이다. 아이도 놀라고 엄마한테 야단맞을까 봐 겁이 났는지 방구석에 숨어 울고 있다. 열이 확 받았지만, 뱃속 깊은 곳의 인내심을 끄집어내며 차분하게 말했다.

"괜찮아. 치우면 되지."

아이가 울면서 소리를 지른다.

"못 치워. 엄마가 치워. 이걸 어떻게 다 치워!"

하긴, 보기만 해도 한숨이 나온다.

"치울 수 있어. 우리 아들, 다섯 살 형아잖아."

아이는 조금 치우는 시늉을 하더니 이내 못하겠다고 주저앉아버렸다.

"그럼 우리 누가 더 많이 모으나 내기할까?" 했더니 게임인 줄 알았는지 CD케이스 두 개를 가져다가 물고기 밥을 한곳으로 모으기 시작했다. 드디어 아이 혼자 힘으로 모두 모았다. 대견한

눈으로 바라보니 자기도 기쁜지 제 힘으로 통에 담아 보겠단다.

"그래, 네가 치운 거니까 마지막 정리까지 해 봐."

모아놓은 물고기 밥을 통에 담으려는 순간 다시 좍~ 온 바닥에 흩어졌다. 아이는 다시 "으악!" 하고 울음을 터트리고 나도 소리 없는 비명을 지른다.

"괜… 괜찮아. 다시 치우면 돼. 아까도 잘했는데 못하겠어?"

말은 이렇게 했지만 기가 막혔다. 그래도 끝까지 기다려줘야지. 다행히 두 번째에는 내 도움 한 번 받지 않고 훨씬 수월하게 바닥에 널린 물고기 밥을 치웠다. 어린이집 갈 시간은 한 시간이나 지나 있었지만.

오후 두 시 반. 어린이집에서 돌아오는 엘리베이터에서 다른 형이 버튼을 눌렀다고 폭발한 아들. 엘리베이터를 발로 차더니 내리자마자 엘리베이터를 폭발시키겠다, 부숴버리겠다며 험한 말을 한다.

"그래, 가서 부수고 와. 넌 이제 다섯 살 형아니까 네가 한 말에 책임을 져야지. 폭발시키겠다고 했으니까 가서 부숴버리고 폭발시키고 와. 엄마 여기서 기다릴게."

씩씩대고 난리가 났다. 분에 못 이겨 메고 있던 어린이집 가방을 패대기친다. 이 녀석이 다섯 살인지 10대 사춘기인지 헷갈리기 시작한다. 이젠 화도 나지 않는다. 다시 천천히 또박또박

엄마..
내가 물고기밥
줘도 돼요?
헉!
그거는..
아이가 스스로 하게 해주세요!

되지
그럼!
진세가 해봐.

촤락
아악!!
헉

엉 엉엉엉
FS

괜찮아....
지울수
있지?
참아야
한다...

말해주었다.

"네 가방이니까 네가 책임져. 가져오고 싶으면 주워 오고, 버리고 싶으면 버려."

또 소리를 지르며 난동을 부린다. 이러다가 「우리 아이가 달라졌어요」에 나오면 어쩌지? TV에 나오던 아이들의 어처구니없는 문제행동들과 그 부모들의 더 봐줄 수 없는 문제행동들이 잇달아 떠올랐다. 내가 바로 그런 엄마가 되는 건가? 어쩌면 이미 그런 엄마였던 걸까?

"괜찮아질 때까지 엄마 기다릴게. 실컷 소리 지르고 울어. 그 다음에 가방을 버릴지 주워 올지 결정해서 엄마한테 말해줘. 우리 아들 다섯 살이니까 혼자서 결정할 수 있어."

10분이 지났다. 아이가 조용히 가방을 메고 와서는 말했다.

"엄마, 죄송해요. 놀이터에서 놀다 갈래요."

아이가 소리 지르면 친절하게 이야기했다. 물건을 집어던지면 정리할 때까지 기다리고, 밥을 먹지 않고 딴짓을 하면 치워버렸다. 양치질하지 않으면 치과에 데려갔다. 네 마음대로 모든 것을 할 수 있다. 단, 결과도 네가 책임져야 한다고 말해주었다.

최대한 간섭하고 싶은 마음을 참기 위해 미친 듯이 책을 읽었고, 『빨간 머리 앤 Anne of Green Gables』도 다시 보았다. 한때는 나도 어

른들을 아무것도 모르는 참견꾼, 잔소리쟁이라고만 생각했는데 어느새 어른이 되고 엄마가 된 지금은 앤이 아닌 마릴라 아주머니에게 친근감을 느끼는 나를 발견한다. 앤, 너는 마릴라 아주머니와 매슈 아저씨 덕분에 해맑게 자란 거야. 너는 모르고 있지만 말이야.

마릴라 아주머니가 앤을 깨워 고아원에 돌려보내려 하자 앤은 슬픔에 빠져 침대 밖으로 나갈 수가 없다고 한다. 밖에 나가면 나무와 꽃, 과수원이나 시냇물과 친해져서 사랑하지 않을 수 없을 거라나. 지금도 힘든데 그것들을 사랑하면 더 힘들어지지 않겠냐고. 곧 헤어질 것들을 사랑하면 무슨 소용이 있겠냐고 말한다. 자신의 덧없는 꿈은 지나가고 운명에 따르겠다는 둥, 운명에 따르지 않을까 두려워 나갈 수 없다는 둥 거창한 말을 늘어놓던 앤이 뜬금없이 묻는다.

"저어, 창턱에 있는 제라늄 이름이 뭐예요?"

"사과향 제라늄이지."

"아뇨, 그런 이름 말고요. 이름을 지어주지 않으셨어요? 그럼, 제가 지어줘도 될까요? 저는, 어디 보자… 음, '보니'가 좋겠어요. 제가 여기 있는 동안에는 보니라고 불러도 괜찮죠?"

마릴라는 감자를 지하 저장실로 가져다놓으며 혼자 중얼거린다.

"저런 애는 평생 듣도 보도 못했어. 오라버니 말처럼 재미있는 아이야. 나도 벌써 얘가 이제 무슨 얘기를 할까 기다려지잖아. 저 애는 나한테도 마법을 건 거야. 오라버니한테처럼 말야."

　　―루시 모드 몽고메리,『빨간 머리 앤』중에서

어제 자기 전에 책을 읽어주는데 아이가 말했다.

"엄마, 요즘 엄마가 화를 안 내서 참 좋아요. 엄마, 참 잘했어요. 뽀뽀!"

아이의 이 말 한마디에 그동안의 모든 분노가 사라졌다. 미안함과 사랑스러운 마음이 새삼스럽게 솟아올랐다. 이 아이도 나에게 마법을 건 게 틀림없다. 아이들은 이렇게 자라나 보다. 세상 모든 어른들에게 마법을 걸면서 말이다.

그렇게 2주가 지났다. 걱정했던 문제행동이 사라졌다. 험한 말도 거의 하지 않고, 정리도 스스로 한다. 여전히 밥을 남기긴 하지만 전보다는 훨씬 많이 먹는다. 아이가 자라는 건 역시 어메이징하다.

아이를 키우는 건 왜 이리 어려운가요

아빠! 지금쯤 비행기를 타고 계시겠네요. 모처럼 놀러 가시는데 잘 다녀오시라고 인사도 못했어요. 여러 가지로 정신이 없었거든요. 뒤늦게 전화했을 땐 이미 출발하셨는지 통 받지 않으시더라고요.

많은 일이 있었어요. 큰애가 어린이집에서 말썽을 부려 원장 선생님한테 전화가 왔어요. 학부모 상담을 하자고요. 아이가 어린이집에서 심각한 문제아래요. 수업 시간에 누워 있는 건 기본이고, 장난감 정리는 아무리 타일러도 안 하고, 어제는 잘못한 걸 지적하는 선생님을 똑바로 바라보면서 '이 어린이집 그만둬 버리겠다. 그러면 선생님은 좋을 것 아니냐. 아니면 나를 칼로 찔러라. 피가 철철 나서 죽어버리겠다'고 협박을 하더래요. 아무것도 모르는 다섯 살짜리의 입에서 나온 말이라기에는 너무 무섭고 끔찍해서 깜짝 놀랐어요.

아빠는 이런 얘기 하면 허허 웃으면서 그러시겠지요. 그런 거 내가 자랄 때는 아무 일도 아니었다고요. 하지만 지금 시대에, 큰애의 그런 말은 아이의 억압된 심리를 나타내는 거예요. 더해서 평소의 문제행동들, 꾸중을 들으면 소리를 지르고 동생이 가지고 노는 블록을 빼앗고, 밥을 제자리에서 먹지 않고, 놀고 나서 정리를 하지 않는 이 모든 행동들이 구슬을 꿰듯이 쭈르르 연결되면서 분석되는 그런 세상이에요.

아이는 내면에 자존감이 부족하고, 스스로 결정하고 책임을 지는 책임감과 독립심이 부족하다고 해요. 그리고 이런 모든 행동은 부모, 특히 엄마가 사랑을 충분히 주지 않아서 생긴 결핍 때문이래요. 경계를 제대로 지어주지 않는 모호한 양육방식 탓이라고요.

선생님께서 말씀하시는 동안 저는 고개를 푹 숙이고 입술을 꼭 깨물고만 있었어요. 집에 와서는 선생님이 말씀하신 여러 가지 방법들을 종이에 써서 냉장고에 붙였어요. 큰소리로 읽어도 보았죠. 눈물이 났어요. 그때 왜 아빠 생각이 났을까요?

요즘 저는 『삶을 안다는 건 왜 이리 어려운가요?^{共悟人間}』라는 책을 읽고 있어요. 중국의 사상가 아버지와 문학 교수인 딸이

10년 동안 주고받은 편지를 엮었는데, 인문학적으로 포장된 세련된 하소연과 그보다 더 세련된 잔소리가 담긴 책이에요. 딸은 결혼하고 아이를 낳아 키우고 사회생활을 하면서 인생의 주요한 시기마다 아버지한테 질문하고 조언을 들어요. 문학 교수인 딸은 이야기해요. 아이를 키우면서 공부하기가, 사회생활을 하면서 순수함을 간직하기가, 아빠라는 산을 넘어서기가 얼마나 어려운지, 모성과 자아실현이 얼마나 양립 불가능한지 말예요. 그러면 아버지는 정직한 삶을 살아가는 법을 충고해줘요.

딸이 아이를 낳고 조금 힘들었는지, 모성애를 새롭게 정의해야 한다고, 어머니들이 자식 때문에 희생해서는 안 된다고 목소리를 높이는 편지를 썼어요. 이에 아버지는 말해요. 그런 말은 전혀 새로운 게 아니다. 부모 대부분이 그렇게 생각한다. 인생의 비극에서 벗어나고 싶겠지만, 이 비극적인 감옥은 절대 벗어날 수 없다고. "자식을 낳은 이상, 너는 세상과의 대결 속에서 인질 한 명을 세상에 넘긴 것이란다. 이 운명적인 인질이 너를 자유롭게 행동하지 못하도록 억누르는 것이지"라고 말이에요.

숙명적으로, 자신이 원하지 않던 무거운 짐도 짊어져야 하고 자식을 위해 일생을 '내주어야' 하지. 하지만 이러한 '내줌'이 자신의 일을 대가로 지불해야 하는 것은 결코 아니란다. 오히려 우리

는 '내줌' 역시 일종의 자아실현이라고 생각했단다. 너는 지금 글을 쓸 수도 있고, 아이를 낳아 키울 수도 있어. 인생이 빛을 발하기 시작한 거야. 너의 이 빛이 미약하나마 우리의 '내줌'과 관련이 있다고 생각하니 기쁘구나. 그리고 우리 인생의 비극성도 좀 옅어진 듯하고, 비극에도 웅장미가 있다는 생각이 드는구나.
　－류짜이푸·류젠메이,『삶을 안다는 건 왜 이리 어려운가요?』중에서

아빠! 우습게도 전 다른 나라에 사는 남의 아빠의 편지를 읽으며 안심하고 위로받았어요. 그렇구나, 삶을 안다는 건 힘이 드는 일이구나. 새싹 하나가 나무로 자라는 데만도 온 우주의 힘이 필요한 것처럼, 아이를 키우는 것도 마찬가지겠구나. 나도 그렇게 자랐겠구나.

제가 철들 무렵부터 아빠는 입버릇처럼 말씀하셨죠. '상식적으로 평범하게' 살라고. 지금에야 고백하지만, 전 그 말이 참 싫었어요. 난 불꽃같이 살고 싶었거든요. 사랑과 꿈과 이상, 모든 불타는 것만이 나를 사로잡을 때였죠. 불나비같이 뛰어들었다가 금세 좌절하고 식어버리는 나에게 아빠는 상식적으로 생각해 보라고 했어요. 50점 받을 만큼 공부했는데 100점을 바라지 마라. 100만큼 투자해놓고 200을 바라지 말고, 200만큼 일해

놓고 400을 바라지 마라. 사람 사이의 관계도 마찬가지다. 인생에 공짜는 없다. 주는 만큼 받는 게 상식적인 거다….

너무나 뻔해서 하품만 나오던 그 말씀들이 아이를 키우면서 생각이 났어요. 10만큼 해주고 20을 바라지 말자. 충분히 알려주지 않고 저절로 될 것이라 생각하지 말자. 받고 싶으면 먼저 주어야 한다. 스스로 자랄 거라 기대하지 말자. 아이가 혼자 설 수 있을 때까지 충분히 기다려주자…. 그리고 생각해요. 아빠가 말한 '평범하게' 산다는 게 얼마나 많은 노력과 고통을 이겨내고 얻는 인생인지 말이에요.

생각해 보면 아빠는 한 번도 "안 돼"라고 말씀하신 적이 없죠. 내가 큰 사고 없이 잘 커서 그런 거라고 웃으며 말씀하시지만, 저 또한 그런 줄로만 알았지만, 사실은 엄마아빠가 기다려주었다는 걸, 스스로 철들 때까지 두 분이 말없이 기다려주었다는 걸 이제는 알아요.

나도 이제 기다려 볼래요. 무슨 일이든 아이가 스스로 할 때까지 인정하고 지지하면서, 큰 틀은 잡아주되 작은 것은 스스로 택하는 자유를 허락하면서 그렇게 살아 볼래요. 저는 아이를 키우고 있고 글도 쓸 수 있어요. 이게 인생의 빛이라면 이 빛은 엄마아빠의 '내줌' 덕분이겠죠.

여행 잘 다녀오세요, 다음 주에 찾아뵐게요.

아이 키우면서 셀프 치유하기

아이를 키우다 보면 가끔 놀라운 경험을 한다. 마치 영화처럼, 아이와 나는 그대로 있는데 주위가 빙글빙글 돌아가면서 순식간에 30년 전쯤으로 배경이 바뀐다. 나는 꼬마가 되고, 우리 엄마가 눈앞에 있다. 그렇게 인생을 통째로 다시 사는 느낌이 들 때가 있다.

어느 늦은 오후, 졸려 하는 아들을 재우고 거실로 나와 며칠 전부터 읽던 『애도하는 사람悼む人』을 펼쳤다. 이 책에 나오는 시즈토라는 청년은 신문을 읽고 라디오를 들으며 죽은 사람들의 리스트를 만들고 그들을 애도하기 위해 전국을 돌아다닌다. "당신이라는 특별한 사람이 이 세상에 살았다는 걸 잊지 않고 기억하겠습니다"라고 말하는 시즈토의 애도에 많은 사람들이 위안을 받는다. 그러한 애도 여행을 하면서 그는 무엇을 느꼈을까?

매일같이 죽은 사람을 쫓아다니는 동안 인생의 무엇을 깨달았을까? 그는 '삶의 본질은 어떻게 죽었는가가 아니라 사는 동안 누구를 사랑하고 누구에게 사랑받고 어떤 일로 사람들에게 감사를 받았는가에 있다는 것을 깨달았다'고 말한다.

어떻게 죽었는지는 중요하지 않다. 우리는 살아야 하고, 사는 동안 어떻게 살아가는가가 중요하다. 지금 여기서 행복을 느끼고 감사하며 살기 위해서 많은 심리학 책에서는 '애도 작업'을 권한다. 어린 시절의 기억을 떠올리고 그때의 감정을 느끼면서 어른이 된 내가 위로해주고 감싸주라고. 그 후엔 그 아픈 기억을 놓아주라고. 그 작업이 자신을 치유하고 자유롭게 할 거라고.

누구를 사랑하고 누구에게 사랑받고 어떤 일로 사람들에게 감사받았는가에 인생의 본질이 있다면, 살아 있는 지금의 나를 위해 애도해 볼까? 시즈토도 없고, 죽을 때까지 기다릴 수도 없으니 지금 여기서 내가 내 삶을 애도해 보는 거다. 셀프 치유 혹은 자가 치유라고나 할까?

연필을 굴리며 생각한다. 언제 슬프고 기뻤나? 과거의 상처에 아직도 발목 잡혀 있나? 기억나는 분한 일이 있는가? 어떤 사람에게 참을 수 없이 화가 난 적이 있던가? 어린 시절 억압된 감정이 있는 건 아닐까?

하나하나 번호를 매기면서 생각나지 않는 기억의 끝을 잡고

껑껑대고 있는데 자고 있던 아들이 방문을 열고 나왔다. 두리 번거리다 거실 소파에 앉아 있는 나를 보고는 옆으로 와서 길 게 누워 발로 나를 툭툭 건드린다. 이 아이는 언제나 이렇다. 단 1분도 내 시간을 허락해주지 않는 아이. 아침에 내가 일어나면 5분을 못 넘기고 따라 나온다. 화를 내기도 했다. 네가 자는 동 안 엄마는 설거지도 하고 집안일도 해야 하잖아. 엄마 좀 내버 려두라고 소리를 지른 적도 있다. 또 짜증이 나려는 순간….

생각나는 건 다섯 살의 나. 마루에 앉아 하염없이 엄마를 기 다리던 그때. 하늘은 어둑해지고 마당에 맨드라미가 타오르는 데 엄마는 오지 않는다. 나는 마루에 걸터앉아 코스모스처럼 다 리를 흔들며 기다렸다. 오빠와 동생은 어디 갔는지 보이지 않는 다. 왜 엄마아빠는 오지 않을까

다른 기억도 떠오른다. 아빠가 아끼던 붓끝을 뭉텅 잘라놓고 는 겁을 잔뜩 먹은 채 아빠의 퇴근 시간을 기다리던 그때. 돌아 온 아빠는 붓을 보고도 나를 혼내지 않았는데 오히려 맥이 풀리 고 아쉬웠던 건 왜일까? 아빠 회사 앞까지 가서 이제나저제나 아빠가 나오기를 기다리던 나. 언제나 바쁜 엄마 옆에서 조잘조 잘 떠들다가 혼나기도 했었지. 또 생각나는 건, 출근하는 엄마 아빠의 익숙한 뒷모습.

내가 직장 다니는 내내 우리 아들도 그랬을까? 내 뒷모습만

보았을까? 아이가 소파에 누워 잠이 덜 깬 눈으로 나를 본다. 30년 전 마루에 앉아 있던 내가 현실로 돌아와 그때의 나만 한 아이의 옆에 앉아 있다. 그때의 나는 어떤 말이 듣고 싶었을까. 아이의 발을 어루만지며 속삭여주었다.

"그동안 엄마가 없어질까 봐 많이 무서웠구나. 미안해. 네가 얼마나 불안할지 엄마가 미처 몰랐어. 우리 아들 옆에 있을게."

> 정신분석적 심리 치료는 지금 이곳에서 불편을 겪는 문제의 원인을 내면 깊은 곳에서 끄집어내어 해석해주고, 상처 입은 곳으로 돌아가 그때 충분히 슬퍼하며 울지 못한 울음을 다시 우는 작업이다. 상처 입은 과거의 자기뿐 아니라 옛 영광에 집착하는 자기, 분노에 붙잡힌 자기도 충분히 슬퍼한 후에 떠나보낸다. 심리 치료는 그러므로 미뤄 둔 애도를 뒤늦게 실행하는 일이라고 할 수 있다. — 김형경, 『좋은 이별』 중에서

머릿속에 나와 함께했던 많은 사람이 떠오른다. 잘못은 언니가 했는데 자기만 혼났다는 일화를 아직도 분하다는 듯 말하던 친구, 권위적인 부모님에게 겉으로는 순종하는 척했지만 속으로는 이를 부득부득 갈았다던 친구, 맏딸인 자기가 이런저런 심부름과 집안일을 도맡아 하는 걸 너무나 당연하게 여기는 식구

들에게 서운하다며 눈물을 보이던 친구….

상처 없이 살아가는 사람은 없다. 지금 생각하면 작고 사소한 일 같은데, 남들은 다 괜찮은 것 같은데 왜 나만 이렇게 아플까 싶을 때도 있었다. 김형경 선생은 세상에 이유 없는 상처 같은 건 없다고 말한다. 결핍과 상실의 기억을 일시적으로 억압하고 모른 척할 수 있겠지만 길어봤자 마흔을 넘지 못한다고. 그때까지 해결하지 못한 감정의 나락들은 어느 날 둑이 무너지듯이 (분노가) 넘칠 수도 있다고.

아이는 내 말을 들었는지 안 들었는지 다시 잠이 들었다. 내 안의 어린아이도 눈물을 그쳤는지 같이 잠들었다. 치유의 힘이 었는지, 그날 우리는 저녁도 거른 채 아침까지 자버렸다.

아침 일곱 시, 아들이 나를 깨우며 소리쳤다.

"엄마, 나 배고파요!"

환하게 웃는 아이의 얼굴을 보니 절로 웃음이 나왔다. 나 또한 가슴이 따뜻해지는 게 한껏 자란 듯한 기분. 내 아이의 상처를 어루만지는 게 바로 나의 상처를 감싸주는 일이었다니.

만약 내 안에 아직도 상처 입은 어린아이가 길을 잃고 있다면, 애끊는 슬픔으로 눈물 흘리고 있다면, 이제는 그 아이를 위해 제대로 슬퍼해주고 싶다. 꼬옥 품에 안아주고 떠나보내고 싶다. 그 후에는 더욱 찬란하게 사랑할 수 있을 것 같다.

아이에게 보내는 편지

진서야, 내일모레면 우리 진서가 여섯 살이 되네. 지난 시간을 생각해 보면 벅차고 믿어지지 않는구나. 영영 아기일 것 같던 네가 어느새 훌쩍 커서 총각의 아우라를 풍기다니 엄마는 가슴이 다 뭉클하다.

진서와 함께한 모든 일은 엄마도 다 처음 해 보는 거였어. 엄마 몸에서 아이가 태어난 것도 처음이었고, 엄마가 쭈쭈를 먹이는 것도, 아이를 목욕 시키는 것도, 아이를 어린이집에 데려다 주는 것도 모두 우리 진서가 처음이야. 처음인 만큼 엄마가 많이 서툴렀을 거야. 잘하고 싶은데 마음대로 되지 않아 짜증도 많이 냈지. 요즘은 우리 진서랑 한글과 숫자공부를 하잖니. 진서도 서툴지만 엄마는 또 얼마나 서툰지. 게다가 참을성도 없고 말야. 얼마 전 진서가 잠잘 때 그랬지, 화만 내는 엄마는 쓰레기

통에 들어갔으면 좋겠다고.

네가 태어났을 때 엄마가 결심한 게 있어. 해마다 진서의 생일이 되면 편지를 쓰겠다고 말이야. 편지를 쓸 때 진서가 읽기 좋을 책도 준비할 거야. 네가 열다섯 살쯤 되어 그걸 이해할 나이가 되면, 책과 편지묶음을 선물로 주겠다고 생각했지.

그런데 정작 이 편지를 읽을 때쯤, 10대가 된 너는 엄마랑 눈도 마주치지 않으면 어쩌지? 청소년이 된 너는 엄마 목소리만 들어도 짜증을 낼지 몰라. 훌쩍 커버린 너는 고민이 있을 때마다 어디에 있는 누구에게 조언을 구할까? 그럴 때 『손녀딸 릴리에게 주는 편지Letter to Lily』라는 책을 읽어보렴.

케임브리지대학교의 노교수가 10년 후에 손녀딸이 읽어보길 바라며 써내려간 스물여덟 통의 편지를 모은 책이야. 그는 손녀딸과 계속해서 함께할 수 없다는 걸 안타깝게 여기고, 사랑하는 손녀가 살아가면서 길을 잃었을 때 도움이 되기를 바라며 이 책을 썼다고 해. 부모의 마음은 모두 똑같은가 봐.

그는 살면서 항상 두 가지를 생각하라고 당부했단다. '인간은 어떤 존재인가' 그리고 '우리가 사는 세상의 시작과 본질은 무엇인가'. 이 질문들에 대한 답을 얻기 위해 노력하지 않는다면 자기 자신과 세상을 제대로 알 수가 없다고 말하지. 나와 세상을 제대로 알 수 없다면 어떻게 될까? 누군가가 내 인생을 마구 휘두르게 될지도 모르지.

엄마는 네가 온전히 너의 삶을 살기를 바란다. 다른 사람의 의견에 휘말리지 않고 세상의 평가와 인정에 목매지 않으면서 언제나 너의 삶을 살기를 말야. 그러기 위해서는 항상 공부하면서 살아야 해. 지금 너는 어린이집에서 배우는 모든 것들을 재미있어 하면서 엄마를 기쁘게 해주고 있지만, 이 편지를 읽게 될 10년 후에도 그럴까? 정말 그랬으면 좋겠구나.

온전히 자신의 삶을 살기 위해서는 왜 공부가 필요할까? 세상의 매트릭스는 정교하게 설계되어 있어. 네가 아무 생각 없이 사는 한, 그것들이 너를 옭아맬지도 몰라. 예를 들어 볼까? 이 편지를 읽을 때쯤 너는 우정에 대해 고민하고 있을지도 몰라. 너는 어울리고 싶지 않은데 자꾸만 주변을 맴도는 친구를 어떻게 거절해야 하나 고민할 수도 있지. 할아버지 교수님은 이렇게 이야기해. "어떤 목적을 위해 누군가의 정신이나 육체를 빌릴 수는 있지만, 우정은 그럴 수 없다."

혹은 사랑에 대해 고민할 수도 있겠지. 그런데 진서야, 사랑이라는 개념 또한 누군가 만들어낸 것일지 모른다고 생각해 본 적 있니? 상품을 판매하기 위한 홍보전략으로 말이야. "현대 소비사회는 물건을 팔려고 일부러 낭만적 사랑을 이용하기도 한다. 사랑을 이용한 판매전략은 낭만적이고 격정적인 사랑을 문

화의 최고점에 올려놓은 것처럼 보이지. 낭만적 사랑이 사회가 만들어낸 허구에 불과하다고 아무리 역설해 봐야 소용없는 이유는 바로 거기에 있다." 이게 바로 네가 여자친구와의 50일, 백일을 기념하고, 밸런타인데이와 화이트데이, 빼빼로데이에 열광하는 이유라고 말한다면, 너는 화를 내려나?

이 할아버지는 존재, 사랑과 결혼, 섹스, 폭력, 가족 등 많은 주제에 관해 이야기하지만 결국 하고 싶은 말은 단 하나야. '너를 둘러싼 많은 것들이 단지 인간이 발명하고 창조한 산물에 불과하다'는 것. 그 진실을 깨닫는다면 세상을 더 현명하게 바라볼 수도 있다는 거지.

사랑도, 연애도, 가족도, 학교도, 신과 종교도 단지 인간이 발명하고 창조한 것에 불과하다면, 도대체 무엇을 믿고 어떻게 살아가야 하느냐고? 너 자신을 믿어야지. 따뜻한 감정과 냉철한 이성을 가지고 있는 너 자신을 말이야. 그리고 믿을 만한 자신이 되기 위해서는 다시 공부하는 수밖에. 그렇게 시작하는 공부라면 마냥 괴롭지만은 않을 거야.

엄마는 틀림없이 너보다 일찍 세상을 떠날 테지. 또 엄마가 있더라도 너는 머지않아 홀로 서고 싶어하겠지. 네가 길을 잃은 것처럼 느껴질 때, 세상 천지에 혼자 남은 것처럼 외로울 때 엄마가 쓴 편지와 책들이 너를 위로해줄 수 있으면 좋겠다.

　그전에 우리 진서와 행복하게 지내기 위해 엄마가 쓰레기통에 들어갈 만한 일은 하지 말아야겠지? 엄마도 노력할게. 이 책에 나오는 말을 인용해 편지를 마무리할게.

　지금까지 이 지구상에 너와 같은 사람이 존재하지 않았고 앞으로도 존재하지 않을 것이다. 이 말은 지구에 존재하는 모든 사람에게 똑같이 적용된다. 하지만 그 때문에 너의 특별함이 줄어들지는 않는다. 그리고 마지막으로 네게 해주고 싶은 말이 있다. 릴리야, 사랑한다. 나는 네가 어떤 인생을 살던 너를 응원할 것이다. 그러니 아무것도 두려워하지 말고 네 날개를 마음껏 펼치거라. 두려워할 것은 두려움 그 자체뿐이다.
　　– 앨런 맥팔레인, 『손녀딸 릴리에게 보내는 편지』 중에서

　사랑한다, 진서야. 네가 태어나서 엄마는 얼마나 기쁘고 고마운지 몰라. 네가 어떤 삶을 살든 엄마는 너를 응원할게. 늘 건강하고 웃는 진서가 되어주렴.

여섯 살 생일에, 엄마가.

3장
결혼의 목적

???
캬!!
....
....

실연과 과학 책

물론 나도 몇 번의 연애경험이 있다. 나의 연애의 산증인은 바로 책이다. 연애를 거듭할수록 연애와 담을 쌓게 되었는데, 바로 책 때문이었다. 20대 초반쯤 죽을 것 같은 연애를 경험하고서 과학 책에 빠졌다. 두 번째로 더욱 죽을 것 같은 연애를 하고서는 경제학 책에 몰두했고, 세 번째 연애를 그만두고서는 방 한쪽 책장이 심리학 책으로 빼곡할 정도였다.

과학 책을 읽는다고 하면 많은 사람이 뜻밖이라는 얼굴로 쳐다본다. 파인만이나 칼 세이건, 리처드 도킨스 같은 사람들의 이야기를 들먹이면 놀란 눈을 더욱 동그랗게 뜬다. 어렵지 않아? 머리 안 아파? 난 수학, 과학이라고 하면 학창시절부터 끔찍했어, 오죽했으면 수학이 싫어서 문과를 갔겠어… 등등. 반응하는 레퍼토리들도 비슷비슷하다. 그런데 사실은 10년 전 나 역시 마찬가지였다.

과학 책을 읽기 시작한 건 스물다섯 살 무렵이었다. 대학을 졸업하고 회사에서 막 일을 배우던 때, 나는 아무것도 모르는 발랄한 아가씨였다. 새로 나올 책의 저자 프로필 사진을 찍기 위해 사진기자를 만났다. 사진 찍고 여행 다니고 글 쓰는 사람이었다. 작업을 마치고 같이 식사를 하게 되었는데 그가 계산하려 했다. 황급히 지갑을 꺼내는 나를 말리며 그는 말했다.

"개똥지빠귀, 사슴, 바다제비… 하물며 말똥을 굴리는 말똥구리 수컷도 암컷에게 밥을 사죠. 나를 말똥구리보다 못한 수컷으로 만들지 마요."

"말똥… 뭐요?"

"정 그러면 2차를 사든가요."

이걸 가야 하나, 말아야 하나? 그런데 재미있을 것 같다. 2차는 소주를 마시러 갔다.

"암컷에게 구애할 때 가장 많이 사용하는 방법의 하나가 먹이 가져다주기예요. 수컷들은 가슴을 부풀려 아름다운 깃털을 보여주거나, 춤을 추거나, 둥지를 만들 때 사용하는 나뭇가지를 흔들며 암컷을 유혹하죠. 남자들이 여자한테 하는 행동도 크게 다르지 않아요. 밥을 사거나 선물을 하거나 사랑의 세레나데를 부르거나. 다른 점이 있다면 동물 수컷들은 발정기에만 이런 행

동을 하지만, 인간 수컷은 365일 틈만 나면 이런 행동을 한다는 거죠."

"지금 저를 꼬시는 거예요?"

"그렇게 색안경 끼고 보지 않아도 돼요. 유전자에 각인된 본능적인 행동이니까. 자기는 그저 맛있게 먹고 즐기면 돼요. 자기가 그만큼 아름답고 매력적이라는 반증이니까."

"원래 사람이 그래요?"

"우리가 왜 살아간다고 생각해요? 거대한 이념이나 목표나 사랑 때문에 사는 거 같죠? 우린 그냥 태어났으니까 사는 거예요. 아버지가 34년 전에 술에 취해 엄마와 잔 결과란 거죠. 내가 소주를 이렇게나 좋아하는 걸 보면 그때 아빠가 먹은 술은 소주였을 거예요. 거기에 무슨 대단한 이유나 낭만적이고 서정적인 아름다움 같은 거, 그런 거 없어요. 마법 같은 운명도 없고요. 그냥 유전자에 각인된 대로 정직하게 사는 게 아름다운 거죠."

어이가 없었다. 그럼에도 호기심이 일었다. 시니컬하면서 재미있는 사람. 날 대놓고 유혹하는 사람. 그러면서 그냥 본능대로 하는 거라고 뻔뻔하게 말하는 사람. 왜 그 뻔뻔함에 마음이 설렐까. 문어체의 글귀를 줄줄이 읊으며 들이대는 이 마초 같은 남자 앞에서 왜 이리 얼굴이 발그레해진단 말인가. 그렇게 우리는 만나기 시작했다.

우리,
헤어지자

네...
네??

그래.. 결국
유전자가...
이기적
유전자

우리
헤어져요

아아..
2 - 1 = 싱글..
1 + 1 = 귀요미..
수학
A to Z

헤어져!

캬악!!

음... 책방을
차릴까
차라리.

BOOK

그와 처음이자 마지막으로 함께 갔던 여행이 생각난다. 거실 한쪽 통 유리창 너머로 바다가 내다보이는 로맨틱한 펜션이었다. 파도치는 바다를 바라보며 둘이서 거품이 알싸한 캔 맥주를 마시던 밤. 그 로맨틱한 곳에서 처음으로 둘이 함께 있던 밤에 그가 들려준 이야기들은 달콤한 사랑의 속삭임도, 가슴 뛰는 유혹의 언어도 아니었다.

그는 밤새도록 소리 높여 일부일처제의 역사를 이야기했다. 결혼한 사람들에게만 섹스가 허용되는 사회 규정이 처음부터 그랬던 건 아니다, 우리는 특정 사회가 만들어낸 각본에 놀아나고 있는 거다, 덧붙여 합리적이고 바람직하고 정상적인 성관계의 정의, 결혼이라는 제도 안에서 아이의 출생이 목적인 이성 간의 성관계도 이런 사회적 농간에서 비롯되었다, 이것이 바로 20대 젊은 혈기에 당연한 섹스를 하면서도 죄책감을 가질 수밖에 없는 이유라고 그는 열변을 토했다.

'그래서 무슨 말이 하고 싶은데?' 소리라도 지르고 싶었지만, 또 무슨 거창한 이야기가 나올까 싶어 차라리 입을 다물기로 했다. 모처럼의 흥이 다 깨져버리고 '뭐 이런 남자가 다 있어' 짜증이 나서 혼자 방에 들어가 쿨쿨 자버렸다.

아침에 일어나 보니 그는 소파에서 자고 있었다. 이상하게 마음이 짠했다. 맛난 거라도 해줄까 싶어 가까이 다가가 보니 그의 머리맡에 『이기적 유전자 The Selfish Gene 』가 펼쳐진 채 놓여 있었다. 여자친구와 여행을 와서 『이기적 유전자』를 읽는 남자를 사랑하다니. 아침밥이고 뭐고 내 사랑이 험난해질 것을 그때 예상했어야 했다.

그와 사귀던 구구절절 발단전개 절정결말의 서사는 굳이 들추고 싶지 않다. '너하고 사귀고 싶어'라고 말하는 대신 종족번식을 주관하는 유전자에 관해 이야기하고, '너를 사랑해'라고 말하는 대신 사회문화적인 성의 역사에 대해 열변을 토하는 남자와의 만남이 그다지 달달한 추억은 아니라는 것만 밝혀둔다.

우습게도 그와 헤어진 후 가장 먼저 읽은 책이 바로 『이기적 유전자』였다. 이 책에서 도킨스는 '인간은 유전자의 꼭두각시'라고 선언한다. 인간은 '유전자에 프로그램된 대로 먹고살고 사랑하면서 자신의 유전자를 후대에 전달하는 임무를 수행하는 존재'라는 것이다. 이타적이고 남을 배려하는 행위조차 장기적으로는 이득을 얻기 위한 유전자의 이기적인 계산이고 선택이라는 게 그의 주장이었다.

충격이었다. 우리가 로봇일 뿐이라고? 유전자가 시키는 대로 움직이는 생존 기계에 불과하다고? 서글픈 이론이지만, 이상하게 마음은 편안하고 머리는 차가워졌다. 실연의 상처를 안고 있

던 내게 도킨스의 책은 어떤 위로보다 나를 치유해주었다. 나는 그저 생존 기계로 프로그래밍이 된 유전자 조합일 뿐이다. 그 역시 마찬가지다. 사실을 인정하고 나니 나는 바람 빠진 고무풍선처럼 쪼그라드는 기분이었다.

과학 책을 읽으면 우선 머리가 명쾌해진다. 『파인만의 여섯 가지 물리 이야기Six Easy Pieces』를 보면 내일 당장 지구가 멸망하더라도 반드시 알아야 할 한 가지가 있다고 한다. 그것은 '모든 물질이 원자로 되어 있다'는 사실이다. 내가 사랑을 했건, 누구와 어떤 이유로 헤어졌건 지구는 변함없이 돌아가고 세상은 잘 굴러간다. 오직 그 모든 것들이 원자로 이루어져 있다는 사실만이 중요하다. 이 얼마나 단순명쾌한 삶의 진실이냐.

두 번째는 자신의 포지셔닝을 정확히 알게 된다. 객관적 자기 인식의 출발. 칼 세이건은 이를 '겸손함'이라 표현했다. '나'라는 존재는 먼지보다 작은 존재이고, 우주의 흐름에서 보자면 사랑이라는 감정은 기억조차 나지 않을 찰나의 변덕이다. 그래, 우주와 유전자와 종의 기원에 비하자면 나의 실연쯤이야. 그러한 관점에서 인간은 각각 자기만의 주기를 갖는 행성일지도 모른다. 한때 잠시나마 그와 나의 주기가 일치했던 것일지도. 그리고 그러한 시기는 이제 종료되었다. 그건 더 이상 내 힘으로는 어쩔 수 없는 일이다.

과학 책의 세계에 한번 빠지면 한동안 다른 것이 보이지 않는다. 우주의 법칙, 숫자 그리고 완벽한 증명의 아름다움을 탐구하기 위해 고군분투하는 과학자와 수학자들의 드라마. 그 세계에는 구질한 연애도, 사랑도, 얽히고설킨 인간관계도 없다. 개인의 상처와 아픔과 절망도 없다. 거대한 과학적 사실 앞에 일상의 사소한 문제는 어느새 안드로메다성운의 먼지 한 톨만큼의 가치도 없이 자취를 감추고 만다. 오로지 위대한 진실, 진리의 증명만이 남는다.

이 세계의 한 가지 문제라면, 일상의 모든 일이 우습고 사소하게 보이는 탓에, 정신을 차려 보면 외톨이가 된 자신을 발견하게 된다는 거다. 영화에 나오는 과학자가 언제나 혼자인 것도 다 이유가 있다. 스스로 왕따가 된 이후 나는 조금 달라졌다. 외계인 같은 말만 지껄인다고 생각하던 그에게 (다시 만나고 싶을 정도는 아니지만) 연민의 감정 비슷한 것도 생겼다. 결정적으로 그깟 실연 때문에 자기 비하의 구덩이에 빠져 허우적대기 싫었다. 그렇게 나는 그 세계에 들어갔을 때처럼 혼자서 그 세계에서 빠져나왔다. 더는 수학공식과 과학적 증명 뒤에 숨지 않아도 될 만큼 강해졌으니까.

그 후 몇 번의 연애를 더 했다. 책장의 책은 점점 늘어가고 이론은 점점 견고해졌다. 경제원론을 들먹이고 사이비 심리학자

행세를 하고 세상 모든 도를 혼자 터득한 듯 아는 체하며 살았다. 이제 남자 없이도 혼자 잘살 수 있다고 '굿바이 로맨스'를 외치던 무렵 남편을 만났다.

이제 '그 후로 행복하게 잘 살았습니다'만 남았다.

너 나한테 시집와라

사람을 처음 보고 반할 수 있을까? 어떻게 반할까? 누군가를 보고 첫눈에 반할 때 신체에는 다음과 같은 일들이 일어난다. 먼저 눈이 반응한다. 상대에 대한 시각적 정보는 눈의 수정체와 망막을 거쳐 시신경을 타고 뇌로 전달된다. 뇌의 시신경에는 수많은 불이 일제히 켜지면서 활발한 신호를 보내기 시작한다.

183센티미터의 키에 몸매는 호리호리, 청색 줄무늬 폴로 티셔츠에 베이지색 면바지를 입은 그는 무테 안경을 쓰고 있었다. 스타일은 나쁘지 않다. 나는 그의 시각정보를 인식하고 호흡과 심장박동이 빨라졌다. 그는 나를 보자마자 눈이 커졌다(호감의 징표일 거다). 생각보다 젊다고 첫인사를 건네왔다(도대체 내가 몇 살로 보이기에?) 나와 동갑이란다(나보다 세 살은 많을 것 같은데).

이런 생각을 하는 동안에도 내 몸속에는 흥분 호르몬인 노르에피네피린이 분비되고 있다. 이러한 모든 인식과 판단의 과정은 1초도 안 되는 찰나의 시간 안에 이루어진다. 나는 그에게 이미 반할 준비가 되었는지도 모른다. 그 또한 나에게 이런 과정을 거쳤을지도.

"그냥 나한테 시집와라."

얼굴을 알고 지낸 지 1년 정도 지나고, 처음으로 데이트다운 데이트를 하고 나서 그가 말했다.

"앞뒤 재지 말고 그냥 나한테 와버려."

그의 말에 대답하는 대신 나는 이렇게 물었다.

"김 과장님, 혹시 나한테 반했어?"

사람들은 저마다 자신이 선호하는 스타일이 따로 있다고 생각한다. 그런데 착각이다. 대부분 사람들이 호감을 갖는 스타일은 비슷비슷하다. 가장 중요한 건 신체의 균형이다. 눈과 눈 사이의 간격 1:2, 코와 입술 크기가 1:2, 좌우 대칭일수록 미남미녀라고 인정받는다. 피부색은 건강과 번식능력을 상징하는데, 여성은 배란기일 때 얼굴색이 가장 맑게 빛난다.

그렇다면 몸매는? 황금비율의 몸매는 36-24-36 즉 가슴 : 허리 : 엉덩이의 비율이 3:2:3이 이상적인 신체비례다. 좌우대칭의 외모, 뚜렷한 이목구비, 부드럽고 건강한 머릿결, 깨끗한 피부, 균형 잡힌 몸매. 이 모든 것은 건강과 생식능력이 뛰어남을 의미한다.

가장 중요한 건 냄새인데, 땀 속의 페로몬이라는 화학전달물질이 큰 역할을 한다. 곤충들이 성적 신호를 전달할 때 외부에 분비하는 생체 물질로 잘 알려져 있다. 인간을 포함한 동물의 몸에서 분비되는 이 물질은 같은 종의 다른 개체에 신호를 보내는 강력한 유인물질이다. 남성의 페로몬은 실제로 맡아 보면 소변 냄새와 비슷하고, 배란기에 분비되는 여성의 페로몬은 코퓰린이라는 물질로 썩은 버터 냄새가 난다. 하지만 미량의 이 냄새에 반응하는 테스토스테론은 두 배 정도 증폭되면서 평소의 판단력을 마비시킨다. 그날 내가 배란기였는지, 페로몬을 방출했었는지는 유감스럽게도 확인할 길이 없다.

어쩌면 사랑은 호르몬의 장난만이 아닐지도 모른다. 처음 만났을 때 가슴이 두근거리고 한평생 그 사람만을 기다려온 것 같은 느낌을 주는 사람이 분명 있다. 누구에게나 다 느끼는 것도 아니고 오직 그 한 사람에게서만 느끼게 되는 그런 감정 말이다. 그건 천생연분을 만난 거다. 평강공주는 바보 온달을, 로미오는 줄리엣을, 랭보는 베를렌을, 「타이타닉^{Titanic}」의 잭은 로즈를, 알코올중독자는 방관적 지지자를, 사디스트는 마조히스트

를 한눈에 알아본다. 스스로 누울 자리를 알아보는 것이다.

다른 말로 해 볼까? 우리는 자신이 달성하지 못한 이상을 상대방에게서 찾아낸다. 자신의 결핍을 다른 사람을 통해 채우려는 병리적 행동이다. 처음의 원 가족 안에서 만들어진 결핍은 우리의 부모, 그 부모의 부모로부터 이어받아 오랜 시간 잠재의식 속에 묻혀 있다가 천생연분과 눈이 마주치는 순간, 전기가 통하듯 깨어난다. 유전자 속의 단백질의 나선회로가 빙빙 돌아가며 영겁의 영겁을 넘어 서로를 알아본다. 그 상태를 흔히 운명적 사랑이라고 한다.

물론 지극히 현실적인 이유도 있다. 남편을 처음 만났을 때 나는 스물여덟 살이었다. 동생이 먼저 결혼을 하자 부모님은 어떻게 하면 이 고물차를 비싼 값에 거래할 수 있을까 고민했다(부모님의 가장 큰 고민은 고물차가 매물로 나갈 생각조차 하지 않는다는 거였다). 당사자 몰래 결혼정보회사에 정보를 등록해놓고 일주일에 한 건씩 소개받도록 종용했다. 서른 살이 되던 해 첫날, 세배를 드리러 갔을 때 외할머니는 이렇게 말씀하셨다.

"여자 나이 서른이 넘으면 재처 자리밖에 없다."

결혼은 중요하지 않다고, 지금은 일만 생각하고 싶다고 큰소리치긴 했지만 가까운 친구들이 하나둘 청첩장을 건네줄 때면 생각이 많아졌다. 나도 평생 혼자 살 건 아닌데… 결혼하고 싶어질 때 결혼하고 싶은데…. 나보다 잘난 것 없는 애들도 번듯한 남자 만나 결혼하는데…. 에잇, 짜증 나. 그냥 혼자 살아버려? 혼자 살면 많이 외로울까? 혼자 살다가 뒤늦게 결혼하고 싶어지면 그땐 어쩌지? 그때가 되면 괜찮은 남자들은 다 임자를 만나고 없을 수도 있잖아. 무엇보다 아이를 늦게 낳으면 고생할 텐데….

닥치지도 않은 앞날의 불안을 하나하나 곱씹으며 깊은 시름 속에 긴 밤의 허리를 베어내던 어느 날, 주변 사람들이 주입한 나잇값을 꼽아 보며 결심했다. 그래, 결혼해야지!

그때는 서른이 되면 땡 하고 종치는 링 위에 선 기분이었다. 서른이 넘어도 종 같은 건 울리지 않는다. 주변의 모든 사람들이 종이 울릴 거라고, 그와 동시에 너의 인생도 종칠 거라고 세뇌를 시킨 것일 뿐. 하지만 생각해 보면 그깟 종이 울리면 또 어떤가? 2차전, 3차전을 준비하면 되는데. 그냥 내 페이스대로 살면 그만이지.

그런데 유전자의 세포가 당장 그를 꽉 붙잡으라고 이야기했는지, 무의식에서 나의 결핍을 충족시켜줄 수 있는 사람은 이 사람뿐이라고 속삭였는지, 집안의 강요와 협박에 못 이겨 그랬는지는 알 수 없지만 어쨌든 그가 '너 나한테 시집와라'라고 말하고 정확히 1년 후 우리는 결혼식장에 나란히 서 있었다.

내가 꿈꾸던 결혼생활은 이런 거였다. 첫째, 같이 아침을 먹는다. 그것도 샌드위치와 우유, 달걀부침과 베이컨이 곁들어진 호텔식 조찬으로. 둘째, 같이 청소한다. 그는 청소기를 밀고 나는 걸레질을 한다. 그리고 싱크대 앞에 나란히 서서 설거지한다. 설거지가 끝나면 시원한 아이스커피를 만들어 빨래를 가지고 옥상에 올라간다. 하늘이 높고 푸른 날, 빨래를 널고 그와 함께 얼음을 찰랑이며 커피를 마신다. 셋째, 그가 신문을 보는 사이 나는 발톱을 깎아준다. 넷째, 커플 머그잔 같은 소소한 살림 도구들을 사러 다닌다. 아주 비싼 걸 사면 결제하자마자 가격표를 찢어버린다. 너무 비싼 걸 샀다고 후회하면서 환불하는 일이 없도록. 다섯째, 금요일 밤이면 족발과 소주 혹은 치킨과 맥주를 시켜 먹는다. 아주 많이 먹고 맥주 캔으로 성을 쌓는다. 술집에서 이 정도 먹었으면 얼마 나왔겠냐며 계산하면서 흐뭇하게 또 먹고 마신다. 여섯째, 잼을 사서 앙증맞은 이름표를 붙인다. 땅콩잼, 딸기잼, 사과잼. 나 빵에 사과잼 발라줘. 잼에 이름표 붙여놨어 하고 말하면 그는 귀여워 죽겠다는 듯이 이름표를 들여다보겠지? 일곱째, 비 오는 날 라면을 끓여 먹은 다음 따끈한 방에 나란히 배를 깔고 누워 만화책을 본다. 만화책을 누가 빌려 오느냐고 한참 티격태격하다가 결국 우산 하나를 같이 쓰고 빌리러 간다. 여덟째, 주말에 번갈아 가면서 서로에게 요리를 해준다. '당신만을 위한 요리'로 스파게티나 해물탕 혹은 짜파게티라도. 이럴 땐 세상에서 가장 맛있는 요리인 것처럼 먹어줘야만 한다. 아홉째, 소파에 같이 누워 멜로영화를 본다. 보는 내내 주인공들에게 계속 참견을 하다가 어느새 주인공을 따라 한다. 주인공이 키스하면 우리도 키스하고, 그들이 섹스하면 우리도 한다. 단, 재빨리 하고 아무 일도 없었던 양 영화에 다시 집중한다. 마지막으로 남편의 트렁크 속옷을 내 반바지인 양 입는다. 남편이 내 속옷 내놓으라 하면 난 이게 편하다고, 줄 수 없다고 버틴다.

신혼여행 기간에는 이 오글거리는 목록들이 현실이 될 것을 의심하지 않는다. 그러나 막상 일상이 시작되면 그때부터는 놀라움의 연속이다. 로망이 현실이 되었을 때의 놀라움이냐고? 그럴 리가 있나. 내가 처음 놀란 건, 세상에 우렁각시가 진짜 존재한다는 깨달음 때문이었다. 좀 더 자세히 말하자면 그 우렁각시는 우리 엄마였고 이제 내가 우렁각시가 될 차례라는 것이었다.

결혼 전까지는 부모님과 함께 살았다. 남편도 마찬가지였다. 밥과 반찬은 누군가 만들어준 것이었음을 그제야 깨달았다. 누가 차려주지 않으면 먹을 것이라곤 없다는 걸, 개수대에 쌓아놓은 그릇이 저녁에 집에 와서도 그대로일 수 있다는 걸, 벗어놓은 양말도 누군가 치워야 하고, 빨래를 누군가 널지 않으면 세

탁기 안에 처박힌 채 쭈글쭈글하게 말라간다는 걸, 냉장고에 있는 음식은 언젠가 곰팡이 냄새를 풍기며 썩어간다는 것을 우리는 미처 몰랐다. 이제까지는 그 모든 것을 해주는 사람이 있었으며, 이제 이런 일을 할 사람이 바로 나라는 걸, 그것이 바로 결혼이고 일상이라는 것을 나는 진정 몰랐다. 무엇보다 하루가 멀다 하고 일어나는 사사로운 일이 하나부터 열까지 갈등의 원인이 될 수 있다는 걸 상상조차 하지 못했다.

결혼 전에 우리가 겪은 갈등은 귀여웠다. 밀고 당기고 삐치고 토라지는 그 모든 과정은 연애의 일부였지 진짜 갈등에 속하지도 않았다. 일정한 패턴이 있기에 오히려 게임에 가까웠다. 내가 삐치면 그가 달래준다. 못 이기는 척 배시시 웃어주고 다시 도란도란 논다.

그렇다면 우리 사이에 진정 갈등이 없었을까? 사실은 문제를 회피하고 있던 게 아닐까? 사랑에 빠진다는 건 환상에 빠지는 것과 같으니까. 그 환상이란 흔히 말하듯 눈에 콩깍지가 낀다거나 전생부터 기다려온 천생연분 혹은 찰떡궁합, 속궁합 같은 게 아니라 '우리는 갈등 없음'에 대한 환상이다.

결혼과 동시에 이 환상은 당장 산산조각이 난다. 시작은 아주 사소했다. 설거지하고 나서 왜 그릇을 엎어놓지 않느냐, 샤워할 때 왜 변기 뚜껑을 덮어놓지 않느냐, 치약을 왜 뒤에서부터 짜지 않느냐, 프라이팬을 쓰고 나서 왜 키친타월로 닦아놓지 않느냐와 같은. 양심과 소양이 있는 보통 시민으로서는 차마 말하기도 민망할 만큼 사사롭고 치사한 의견 충돌로 시작된 말다툼은 너 죽고 나 죽네 하는 험악한 분위기로 창대한 끝을 맺는다. 잔소리쟁이와 미련퉁이의 참을 수 없는 존재의 가벼움이여. '결혼은 현실'이라는 말이 바로 이런 거였구나.

그렇게 준비 없이 상대방의 실체를 맞닥뜨리면서 마침내 깨닫게 된다. 내가 결혼한 그는 내가 결혼을 결심한 그 남자가 아니라는 걸! 처음에는 부정한다. 내가 사랑하는 사람이 이렇게 아무 데서나 방귀를 뀔 리가 없어. 다음엔 분노한다. 왜 온종일 게임으로 아까운 시간을 보내는 거지? 왜 게임을 하지 않으면 누워 TV만 보는 거지? 대체 왜 씻지도 않고 잠을 자는 거지? 하나씩 하나씩 눈의 비늘이 떨어져 나간다. 이 시점에 상대의 실체를 인정하지 못하고 이혼하는 사람도 부지기수다.

그는 원래 일요일이면 날이 저물도록 침대 밖으로 한 발짝도 나가지 않는 사람이다. 본디 라면 하나도 제 손으로 끓여 먹지 못하는 사람이다. 설거지라도 한번 하면 한 달 내내 생색내는 사람이다. 주말에 청소라도 도와주면 세상에 다시 없는 가정적인 남편인 양 으스대는 사람이다.

그는 원래 곰이었던 게 아닐까? 연애하는 동안 잠시 사람의

탈을 썼다가 결혼과 동시에 본모습으로 돌아온 (미련)곰탱이! 젠장, 우루사라도 사주어야 하나.

그가 원래 곰이었다면 나는 어떨까? 나는 원래 정리정돈 잘하는 깔끔한 여자가 아니었다. 잔소리쟁이도 아니었고, 웬만한 일은 쿨하게 웃어넘길 수 있는 통 큰 여자(인 줄 알았다). 하지만 결혼하고 나서 깨달았다. 나는 (생각만큼) 더러운(?) 여자는 아니었다. 나는 (생각만큼) 마음이 넓은 여자도 아니었고, 결정적으로 (생각만큼) 참을성 있는 여자도 아니었다.

신혼 초의 주요 임무는 갈등의 해결을 위한 서로의 탄력성을 알아보는 것이다. 상대방이 특정한 단어에 어느 정도의 민감성을 가졌는지, 잔소리에 얼마나 탄력적인지, 분노를 참는 임계수치는 얼마인지 등을 말이다. 예컨대 말다툼 한 번에 관계를 정리하자고 협박을 할지, 미안하다고 빌며 반성을 할지, 방귀 뀐 놈이 성낸다고 오히려 큰소리를 칠지, 배우자 고유의 반응 양식을 파악하는 게 중요하다.

갈등의 스토리는 어느 순간 패턴이 된다. 패턴은 쉽사리 바뀌지 않으며 시간이 지날수록 조금씩 명백해진다. 명백해진 뒤에야 갈등의 진짜 이유가 보인다. 그때는 결정해야 한다. 그를 바꾸거나 내가 바뀌거나, 받아들이거나 뛰쳐나가거나. 그러나 지혜로운 사람들이 말하듯 세상에 자신 말고 다른 사람을 바꿀 수 있는 사람은 없다.

물론, 사랑하기 때문에 상대의 모든 것을 받아들인다는 사람도 있더라. 사랑하니까 참고 용서하고, 이해하는 거라고. 착각하지 말자. 그건 사랑해서도 뭐해서도 아니다. 그냥 게을러서다. 선택의 주인이 되기를 포기하는 짧은 순간, 모든 권력관계는 자리를 잡는다.

소크라테스 활용법

내가 보기에 세상의 남자는 두 부류다. 무엇이든 시시콜콜 말하고 싶어지는 남자와 한 마디도 말을 섞고 싶지 않은 남자. 가끔 이 두 부류가 시차를 두고 한 남자에게서 나타나기도 한다. 바로 '남편'이라는 종족이다.

남편이 퇴근하기 직전의 일이다. 큰애에게 양치를 시키고 있을 때 둘째가 우유를 엎질렀다. 엎지른 우유를 닦고 있자니 큰애가 둘째를 때린다. 울음을 터트리는 둘째를 달래는데 큰애가 자기도 안아달라고 덮친다. 그렇게 지지고 볶고 씨름을 하는 동안 나는 부글부글 99도에 도달한다. 결국 지금 당장 안 자면 불을 꺼버린다는 고함과 망태할아버지까지 들먹이는 협박 끝에 큰애는 겨우 잠자리에 들었다. 한숨을 돌릴 즈음 둘째도 등 뒤에서 졸기 시작했다.

그 순간 남편이 술 냄새를 풍기며 집에 들어왔다. "우리 예쁜 공주~"를 외치며 아이를 안아 보잔다. 실랑이를 하는 사이 졸고 있던 아이가 눈을 반짝 뜨고는 울어 젖힌다. 다시 가만가만 재워야 하는데 남편은 술에 취해 해롱해롱하면서도 아이를 어른다고 들이댄다. 드디어 100도에 도달. 참다못해 목소리를 높였더니 아이가 다시 울음을 터트린다. 하는 수 없이 아이를 안고 달래는데 뒤통수에 대고 남편이 소리를 지른다.

"내가 맨날 술 먹고 오냐? 앞으로 나 무시하지 마. 알았어?"

그러고는 들어가 코를 골며 잔다. 그 순간 뭐라고 따끔하게 되받아치지 못한 나에게 더 화가 난다. 왜 나는 예상치 못한 말을 들으면 머리가 멍해질까? 화가 났을 때 조리 있게 내 의견을 말하고 싶다. 논리적으로 상대방의 말을 잡아 멱살 흔들듯 흔들어주고, 비틀고 찌르고 패대기쳐주고 싶다. 그 즈음 읽던 게 말싸움의 일인자, 『소크라테스의 변명 Four Texts on Socrates 』이었다.

소크라테스에 대해서 그다지 아는 게 없다. 진짜 그가 말했는지 아닌지조차 헷갈리는 '너 자신을 알라'와 '악법도 법이다'라는 명언과 지독한 악처가 있었다는 사실 정도?

소크라테스는 석수장이 아버지와 산파 어머니 사이에서 태어났다. 아버지의 직업을 물려받는 게 일반적이던 그리스 아테네에서 석수장이 아들이 학문을 배웠을 리 없다. 성인이 된 후

에는 그나마 석수 일도 제대로 하지 않는다. 그가 하는 일이라
고는 시장 바닥을 거닐며 지나는 사람들을 붙들고 한가로이 '대
화'하는 게 전부였다. 팔자 참 좋으시다.

딱히 하는 일이 없으니 집에 돈 한 푼 가져다준 적이 없다. 아
이는 셋이나 되는데 그렇다고 집에서 아이를 돌보지도 않았으
니 아내가 싫은 소리하는 것도 당연하다. 소크라테스가 제자들
과 대화를 하면서 자기 집 앞을 지날 때였다. 아내가 남편에게
뭐라고 소리를 질렀으나 (분명 뭔가 집안일을 거들어달라는 원망 섞
인 잔소리였을 것이다) 그는 들은 체도 않고 제자들하고 하던 얘기
를 계속했다. 참다못한 아내가 그에게 항아리의 물을 끼얹어버
렸고 이로써 그녀는 역사상 최고의 악처로 기록된다. 크산티페,
그녀의 이름을 기억해주고 싶다. 말만 많고 생활력 없는 남자를
건사하느라 속 태웠을 그녀를 위로해주고 싶다.

남편의 어이없는 반항에 날카로운 논리를 내세워 깔아뭉개
는 날을 상상하며 논리의 필독서 소크라테스를 읽는다. 그런데
이게 뭔가, 정교한 논리와 그럴듯한 논쟁술을 기대했건만 소크
라테스는 연신 질문만 강조한다. 전문용어로 '산파술^{産婆術}'이라
나. 대화를 통해 상대방이 자신의 무지를 깨닫도록 도와주는 방
식이다. 내가 보기에는 지쳐 쓰러질 때까지 말꼬리 잡기로 보이

는데 말이다.

그는 자신의 경건함을 확신하는 젊은이에게 '경건'이 무엇인지 묻는다. 스스로 용기 있다고 주장하는 사람에게는 '용기'가 무엇인지 묻는다. 아주 그냥 질릴 때까지 꼬치꼬치 묻는다. 상대방이 자기가 한 말에 꼬여 엎어질 때까지. 그리고 의기양양하게 비웃는다. 그것 봐, 너는 아무것도 모르잖아. 나? 나는 적어도 내가 아무것도 모른다는 것쯤은 알아.

그렇기에 소크라테스는 아테네에서 가장 지혜로운 사람이라고 칭송받았다. 적어도 자신이 무지하다는 것은 아니까 우리보다는 똑똑한지도 모르지만, 이런 대화법은 상대방의 분노를 부를 수밖에 없다. 소크라테스가 법정에 선 이유는 가장 똑똑하기 때문이 아니라 사람을 기분 나쁘게 하는 언어습관을 가졌기 때문이 아니었을까? 그렇기에 나는 지금, 소크라테스의 논리술을 배우고 싶다. 남편과의 말싸움에서 반드시 이기고 싶다. 그것도 기분을 확 잡치게 하면서 이기고 싶다(너무 치사한가?).

상상 속에서 남편을 재판정에 세워 보았다.

"술을 마시고 귀가가 늦는 것에 대해 어떻게 생각하나요?"

남편은 이렇게 말할 것이다.

"내가 날마다 늦는 것도 아니고, 한 달에 몇 번 술 먹는 것 정도는 이해해줄 수 있는 거 아닙니까?"

스승님,
그러니까 철학 게..
음..
여보..
애기가..
일단 너 자신을
알고 말야..
역시!
저
양반이...
야!!
억
언니..
언니마음
완전 이해해써.
누가 악녀래 감히

"아내가 육아와 살림에 지쳐 있을 때 남편으로서 어떻게 해야 한다고 생각하나요?"

"아내가 얼마나 힘든지 저도 압니다. 하지만 나도 위로는 사장 눈치 보고, 아래로는 부하직원한테 치이고 힘들다고요. 돈 버는 게 어디 쉽나요? 날더러 뭘 더 어떻게 하라고요!"

"남편이 할 수 있는 최소한의 일도 있지 않습니까? 주말에 낮잠만 자지 말고 아이와 놀아준다든가."

"일주일 내내 회사에서 노예처럼 일했어요. 화목하고 즐거운 가정이야 나도 만들고 싶죠. 하지만 몸이 안 따라주는 걸 어쩝니까? 주말에는 나도 좀 쉬고 싶다고요. 내 집에서 내가 쉬는 게 그렇게 잘못입니까?"

"그렇다면 최소한 방해는 하지 말아야지요. 당신의 아내는 집에서 하루 24시간 1년 365일 쉬지 않고 일한다고요. 아이를 재우는 게 얼마나 힘든지 알아요? 겨우겨우 애를 재운 시점에 꼭 잠을 깨워야겠어요?"

여기까지 생각해 보니 나는 남편이 늦게 들어와서 섭섭한 것보다 힘들게 재운 아이를 깨운 게, 그래서 다시 재우는 과정을 되풀이해야 한다는 게 더 싫은 거였다.

피고가 있으면 원고도 있는 법. 이번에는 나를 법정에 세워 보았다.

“서로 아껴주고 화목하게 지내는 가정이 좋은 가정이라는 것을 인정하십니까?”

“당연한 거 아녜요? 나는 잘하고 있다고요!”

“남편이 일하느라 늦거나 어쩌다 술을 마실 수도 있다는 것도 인정하십니까?”

“그럼요, 내가 회사에 다닐 때는 더 심했는 걸요. 직장 다니면서 야근하고 술 마실 수 있다는 거 다 알아요. 그래도 당장 내가 힘든 걸 어떻게 해요. 그리고 ‘어쩌다’가 아니라니까요. 어쩌다 한 번이면 나도 양심이 있지, 이렇게까지 들들 볶진 않아요.”

“잔소리보다는 ‘우리 남편 힘들었어?’ 하는 위로와 격려가 더 효과적이라는 것도 알고 있습니까?

“나도 알죠. 하지만 말이 곱게 안 나온다니까요!”

“잔소리로 집안의 평화를 깨뜨린 데 일정 책임이 있음을 인정하십니까?”

싸움이란 한쪽이 상대하지 않으면 애초에 성립하지 않는다. 자본주의 사회에서 돈을 벌어온다는 게 얼마나 힘들고 비루한지 나 또한 잘 알고 있다. 그런데도 말이 예쁘게 안 나오는 이유는, 누가 더 힘든지 겨루는 고통지수 평가대회에서 나에게 더 높은 점수를 주지 않는다고, 내 어려움을 알아주지 않는다고 징징대는 마음이었던 것 같다.

소크라테스는 자신을 '등에'라고 표현했다. 아무 문제도 없어 보이는 사회에서 끊임없이 이곳저곳을 들쑤시면서 문제의식을 불러일으키는 게 지식인의 본분이라고 그는 믿었다 그는 자신의 신념에 따라 사방을 들쑤시고 다녔다. 그러면서도 "저는 아무것도 모르거든요." 하고 겸손한 척 말꼬리를 잡았을 것이다. 이게 독재자와 켕기는 게 많은 사람들의 감정을 상하게 했다고 한다. 한마디로 괘씸죄로 걸린 거다. 그런데도 소크라테스는 겁먹지도 입을 다물지도 않았다. 오히려 당당하게 죽음을 택한다.

'사람들의 눈에 들기 위해 거짓말을 할 필요도, 거짓말을 정당화하기 위해 억지 논리를 펼 이유도 없고 이기기 위해서가 아니라 진리를 찾기 위해 대화하는' 철학자. 안광복 선생님은 소크라테스가 법을 지키려고 죽은 게 아니라 '진리를 위해 살아야 한다'는 신념을 지키기 위해 정치범이자 전향하지 않는 사상범으로서 죽음을 택했다고 하였다.

나는 소크라테스가 살아남았어야 한다고 생각한다. 진리를 위해 죽지 말고, 진리를 위해 살았다면 더 좋지 않았겠는가. 진리를 위해 산다는 건 사람들의 비판과 의심 그리고 오해 속에서도 묵묵히 걸어가는 것임을 온몸으로 보여줬어야지. 그러면서 직업도 가지고 돈도 벌고 집안일도 때때로 도와주었어야지. 그

도 아니면 아내 덕분에 생계 걱정 안 하고 학문에 정진할 수 있었다고 인정했어야지. 이데아를 위해 살아야 한다는 거창한 신념을 실현하고자 노력할 수 있었던 건 모두 마누라 크산티페 덕분이라고 세상에 외쳤더라면 하나뿐인 아내가 수천 년간 악처로 역사에 남는 일은 막을 수 있었을 것이다.

다시 생각해본다. '화목하고 즐거운 우리 집'이라는 이데아를 위해 참고 희생해야 한다는 가정 자체가 잘못된 게 아닐까? '돈을 벌어야 하는 남자의 애환' 혹은 '신자유주의 시대 밥벌이의 비루함'이라는 담론에 짓눌려 우리는 서로를 할퀴어댄다. 고통지수대회라도 출전할 기세로 누가 더 힘든지 내기하고, 내 아픔을 알아주지 않는다고 원망한다. 그렇다면 대체 '화목하고 즐거운 우리 집'은 누굴 위한 것일까?

지금 나에게 필요한 건, '허구한 날 술 먹고 다닐 거야?' 하는 잔소리가 아니라 '늦게 들어오려면 아예 아이들 다 잠들고 난 다음에 들어와.' 하는 현실적이고 디테일한 요구다. '나도 힘든데 너도 힘들구나!' 하는 이해와 공감이다. 시시콜콜 무슨 이야기든 나누고 싶었던 남자에게 어떤 말도 하고 싶지 않아지는 건 그리 유쾌한 일이 아니니까 말이다. 그럼에도 뭐라 하면, 소크라테스 아저씨에게 배운 산파술을 적극 활용해버릴까 보다!

이번 추석준비는 어떻게 할거야?

D-7
하던대로 해야지 뭐.

하긴, 별로 할것도 없잖아? 전도 사고..

뭐... 뭐인마??

그런 의미에서.. 연휴 마지막날 난 낚시를..

하하하하

이혼서류...
이혼서류...

때리는 남자

후배의 돌잔치에 갔다. 겸사겸사 오랜만에 친한 사람들끼리 모이기로 했다. 전화통화는 자주 하지만 얼굴 본 지는 2년이 훌쩍 넘은 후배 C를 만났다. 요즘 학습지 교사를 하려고 교육을 받는 중이란다. 아니, 왜? 남편 대기업 다니잖아. 그새 그만뒀어?

"아무래도 그 사람이랑 백년해로할 것 같진 않아요."

"왜? 무슨 일 있어?"

"남편이 나를 때렸어요."

헉, 다른 사람이 남편에게 맞았다면 이렇게 놀라진 않았을 거다. C는 학교 다닐 때 알아주는 똑똑이였다. 총여학생회장이던 그녀는 어디서든 자신의 의견을 굽히지 않았다. 담배를 꼬나물고 (그때는 정말 꼬나물었다) 꼬장꼬장하게 항의하고 따져 묻는 모습에는 선배와 동기들 모두가 머리를 설레설레 흔들어댔다. 그야말로 깃발을 드높이며 남성과 보수 그리고 여성을 억압하던 모든 것에 짱돌을 던지던 여자였다. 그녀는 CC와 결혼했다. 남자는 나의 동기였다(이제 '놈'이라고 하겠다). 그리고 16년이 지났다.

"그래서 어떻게 됐어?"

"그이는 반성이란 게 없어요. 제가 그때 이야기를 꺼내기만 하면 언제나 그래요. 다 네가 맞을 만한 짓을 해서 때린 거라고. 그렇게 얘기할 때 그 사람 눈초리를 보면요, 앞으로도 네가 잘 못하면 언제든 또 때릴 수 있다고 말하는 것 같아요. 그런데 저 무서워요. 또 맞을까 봐 무섭고, 발걸음 소리만 들어도 심장이 두근거려요. 가장 무서운 건, 우리 큰애가 그걸 보았다는 거예요. 큰애는 한동안 아빠한테 말도 안 걸었어요. 그 뒤로는 그런 일이 없어서 잊기로 마음먹었는데 남편한테 마음이 가질 않아요. 남편이 손만 대도 혐오스럽고 무서워요. 같이 있으면 위선자가 따로 없다니까요. 짜증 나고 욕 나오고…. 지금이야 제가 경제력이 없어서 참고 살지만 저도 빨리 직장 들어가 자리 잡아야죠. 그래야 혼자 살 수 있을 것 같아요."

당사자가 아닌 나는 부부 사이에 어떤 숨은 사정이 있는지 모른다. 함부로 말할 수도 없다. 말해서도 안 된다. 하지만 이것만

은 묻고 싶다. 여자를 때리는 남자는 대체 어떤 인간일까? 맞을 짓을 하면 때려도 되나? 아니, 세상에 맞을 짓이라는 게 존재하기는 하는 건가? 설사 있다 하더라도 그게 때리는 이유가 되나? 인간이 다른 인간에게 폭력을 휘둘러도 되는 이유가, 세상에 한 가지라도 있을까?

"어떻게 말해야 할지 모르겠다. 정말 힘들었겠다."

C가 끝내 눈물을 흘린다.

"얼마 전에는 제가 물었어요. 이러려고 나랑 결혼했느냐고. 그랬더니 그 사람이 뭐라는 줄 알아요? 같이 살아주니까 고마운 줄 모른대요."

이번에는 내가 눈물이 핑 돌았다.

『욕망의 진화』라는 책에는 배우자를 버리는 세 가지 이유를 말한다. 첫째, 배우자가 자원이나 능력이 감소하거나 번식에 관련된 자원을 제공해주지 않아 가치가 떨어졌을 때. 둘째, 나 자신의 자원이나 평판이 증가해서 이전에는 얻을 수 없었던 짝짓기의 가능성이 새롭게 열렸을 때. 셋째, 강력한 대안이 시야에 들어왔을 때.

우리 조상들은 이 세 가지 상황을 반복적으로 접했을 것이다. 그러한 과정에서 지금의 관계를 유지하는 것이 나은가, 새로운 사람을 만나는 것이 나은가 비교하여 따져 보는 심리 기제를 진화시켰을 것이다. 이러한 심리는 필연적으로 현 배우자의 가치를 민감하게 따지게 한다. 특히 남자들은 다른 이성을 볼 때마다 짝짓기 대상으로 적합한지를 판별하는 한편 끊임없이 대체 가능한 대상을 물색했을 것이다.

여자라고 남자의 이런 속성을 모르지 않는다. 그렇기에 남자의 권력이나 자원보다 친절함을 더욱 따지는 여자들도 많다. 실제로 장기적인 배우자의 특질 가운데 친절함은 아주 중요한 요건이다. 그것은 서로 도와서 이 어려운 세상을 헤쳐 나가겠다는 무의식적 발로이기 때문이다. 거꾸로 보면, 잔인함과 불친절함은 마음에 안 드는 배우자를 치워 없애는 효과적인 방법이기도 하다.

헤어지고 싶은가? 사람들 앞에서 모욕을 주라. 의도적으로 감정을 건드리고 별 이유 없이 고함을 질러라. 사소한 견해차를 싸움으로 확대시켜라. 계속해서 말꼬리 잡기도 좋은 방법이다. 비열하고 잔인하게 대하기, 한마디를 해도 경멸적인 어조로 말하기 등이 모두 배우자를 떠나보내는 효과적인 전술들이다.

C는 확신하고 있었다. 그놈은 불친절하고, 잔인하며 자신과 함께 이 세상을 헤쳐 나가겠다는 의도가 없다고. 그러니 절대로 매달리지 않겠다고 했다.

“아이들은 어떻게 하려고?”

“얼마 전에 애들한테 물어봤어요. 아빠 없이 살아도 괜찮겠냐고. 둘째는 그 말을 듣자마자 아빠 없이는 못 산다고 막 우는데, 큰애가 동생한테 말하는 거예요. 이 바보야, 아빠가 없어서 못 사는 게 아니라, 돈이 없어서 못 사는 거야.”

그 말을 듣자 너무나 많은 것들이 슬퍼졌다.

잊어버리는 건 사랑

드라마를 보면 단골로 나오는 소재가 바람피우는 남자와 그로 말미암은 가정의 위기다. 문자메시지나 이메일 혹은 목격자의 제보 등으로 아내는 남편의 불륜 사실을 알게 된다. 머지않아 상대방 여자의 정체도 알게 된다(전부터 잘 아는 주변인물인 경우가 대부분이다). 아내는 그녀에게 전화를 걸어 약속을 잡는다. 커피숍에서 마주앉은 두 사람. 예의상 몇 마디가 오가고 아내는 여자의 얼굴에 물을 끼얹는다. 여자가 아내를 경멸의 눈초리로 쳐다본다. 아내는 분을 참지 못해 여자의 머리채를 잡는다….

결혼 전에는 이런 장면을 보는 게 항상 불편했다. 아니, 왜 함부로 남의 머리를 잡아? 아내를 배신한 건 그 여자가 아닌데. 평생 사랑 변치 말자는 약속을 짓밟은 사람은 그 여자가 아니라 남편인데 말이다.

하지만 그녀들은 힘이 없다. 꽃뱀이면 (거의 그렇다) 표독한 얼굴로 자리를 뜨고, 남편을 정말 사랑하는 여자라면 눈물을 흘리며 물러난다. 부인 있는 남자를 사랑한 자신의 신세를 한탄하며.

그녀들은 결코 드라마의 주인공이 되지 못하고, 바람난 남자들은 결국 참회의 눈물을 흘리며 아내의 품으로 돌아간다. 왜일까? 드라마의 주 시청자가 주부들이기 때문이다. 그녀들의 남편을 뺏어가는 것들은 꽃뱀이고 '꼬리를 친 년'이므로 머리끄덩이를 잡히고 개망신을 당해 마땅하다. 그 자극적인 장면들은 알게 모르게 반복되면서 시청자들의 뇌리에 각인된다.

한 남자와 여자가 만나서 부부로 도장을 찍으면 기득권이자 배타적 독점권이 성립한다. 가지고 있을 때는 소중함을 모르지만 남이 가지려고 하면 쌍심지를 켜고 막아설 권리가 인정된다. 왜냐고? 내 것이니까.

세월은 많은 것을 변하게 한다. 아내보다 그녀들을 더 동정하던 나도 바람피우는 남자 이야기를 들으면 더 이상 그녀들의 편이 될 수가 없다. 얼마 전 주먹을 휘두른 남편 때문에 괴로워하던 C와 전화통화를 하다 들었다. 그 대단하신 남편이 바람까지 피우셨단다. 정말 가지가지 하는구나. 그 얘기를 듣는데 당사자도 아닌 내가 눈이 돌아가는 것 같았다. 소 새끼 말 새끼, 한참을 씩씩거렸다. 역시 사람은 입장이 달라지면 생각도 달라지는구나.

　여자는 남자와 비교해 바람을 피울 확률이 상대적으로 낮다. 정절을 지키지 않는 여자는 다른 여자보다 진화론적으로 불리한 탓이다. 남자는 하룻밤의 일탈을 통해 성적 욕구를 채우고 자신의 유전자를 번식시킬 가능성을 더욱 높일 수 있다. 하지만 여자는 다르다. 1년에 한 번 이상 아이를 임신하는 건 불가능하기 때문에 바람을 피우면서 번식의 성공 확률을 높이기가 불가능하다. 임신기간은 자그마치 10개월이고 양육기간은 그 몇 배에 달한다. 그동안 배우자의 자원과 지원이 절대적으로 필요한 것은 말할 것도 없다. 바람피우는 여자가 남자보다 적은 게 너무나 당연하지 않은가?

　그럼에도 여자가 바람을 피운다면 그것은 조금 다른 이유 때문이다. 현재 배우자에게 기대할 수 없는 감정적인 유대를 원하기 때문이다. 혹은 배우자를 교체하고 싶거나. 여자가 외도하는 이유는 내면의 불안을 외부로 투사하기 때문이라고도 한다. 남편이 자신을 사랑하지 않는다는 것을, 사랑받을 자신이 없다는 사실을 회피하고자 외부로 눈을 돌리는 것이다. 바람이 숭숭 새어들어오는 내면을 막는 대신 다른 것을 바라봄으로써 구멍 뚫린 내면을 잊으려는 것이다.

　그래, 나는 지금 지식화 방어기제를 쓰고 있다. 지적인 사실들

을 나열함으로써 애써 감정을 회피하는 것이다. C가 처한 상황이 내 일이 될 수도 있다는 사실을 외면하려 안간힘을 쓰고 있다. 유부녀들이라면 한 번쯤 이런 생각을 해 보지 않을까? 혹시라도 내 남편이 바람을 피운다면 어쩌지 하는 생각.

대부분의 주부들은 남편이 바람을 피우더라도 차라리 걸리지 않기를 바라는 것 같다(아닌가?). 한번 안 이상은 모르던 때와 똑같을 수 없으니까. 그 파장을 예측할 수 없고 감당할 수 없는 고통이 될 지도 모른다. 그러니 남편의 바람이 걸리지 않기를 바라는 건 너무 사랑해서도 뭣도 아니다. 그냥 눈 가리고 아웅 하는 게 더 편해서다. 그렇게 모른 척 넘어가주려 했는데 재수 없게 증거가 눈앞에 딱 나타나면 좋든 싫든 생각이라는 걸 하지 않을 수가 없다. 이혼해야 하나, 말아야 하나?

그렇다고 이혼은 쉬운가? 아이의 양육문제는 그렇다 치자. 이혼을 결심한 순간부터 부부는 세상을 향해 외쳐야 한다. 내 남편이 (내 아내가) 내 인생을 어떻게 망쳐놓았고 얼마나 파렴치하게 날 괴롭혔는지. 그리고 지루한 합의의 과정은 또 어떤가. 결국은 돈 돈 돈. 차마 입에 담기 거북할 정도로 치사한 과정들. 거기에 패배감 또한 만만치 않다. 그토록 모자라고 초라한 자신의 모습을 확인하는 비참함. 아기 낳고 (남의 아이를 낳은 것도 아닌데!) 급격히 살이 붙고 주름만 자글자글해진 채로 버림받았다는 굴욕감이 떠나지 않을 것이다. 거기에 아이에 대한 죄책감까지 더해지면 세상 모든 사람이 다 나에게 손가락질하는 듯한 기분이 드는 게 당연하다.

이 모든 건 결국 먹고사는 문제다. 나 혼자라면 어떻게든 살 수 있다. 그러나 아이는 어떻게 키운담? 아빠의 빈자리도 마음이 아픈데 교육은 어떻게 시키지? 아이가 학교와 학원을 오가고 성장하여 대학을 가기까지 여자 혼자 벌면서 (전문직인 것도 아닌데) 그 모든 과정을 뒷받침할 수 있을까? 결국 문제는 자기 자신에게로 돌아온다. 말은 아이가 받을 상처가 두렵기 때문이라고 하지만 혼자서는 모든 생활을 꾸려낼 용기도, 자신도, 여건도 안 되기에.

한쪽이 바람피운다고 해서 모든 부부가 다 이혼하는 것은 아니다. 또 결혼했다고 해서 모든 부부가 행복한 것도 아니며, 부모와 함께 사는 모든 아이가 사랑받으며 자라는 것도 아니다. 행복해지기 위해 결혼한다는 것은 어쩌면 이 사회가 발명해낸 것인지도 모른다. '남자는 어떤 여자하고든 행복하게 살 수 있다. 그 여자를 사랑하지만 않는다면'이라는 오스카 와일드의 말을 빌지 않더라도, 우리는 지금 사랑의 신화에 발목 잡혀 결혼 제도를 오해하고 있지 않은지 생각해 보게 된다.

『결혼해도 괜찮아^{Committed}』라는 책에서 저자는 몽골의 할머니

를 만나 할아버지가 좋은 남편인지 물어본다. 할머니는 당황스럽다는 표정으로 그녀를 바라본다. 마치 '이 산의 돌은 쓸 만한 돌인가요?'라는 질문이라도 받은 듯이. 할머니는 말한다.

"우리 영감은 좋은 남편도 아니고 나쁜 남편도 아니야. 그냥 남편이야. 원래 남편이란 게 그렇잖아."

이 대답을 들으며 저자는 생각한다.

'남편은 지극히 아끼는 사람이라거나, 꼴 보기 싫은 원수의 의미라기보다는 업무와 관련된 단어 같았다. 심지어 종種의 이름 같기도 했다.'

몽골 할머니의 말대로 남편은 그냥 남편이라는 종족일 뿐일지도 모른다. 원래 남편이란 게 그렇듯이.

『철들면 버려야 할 판타지에 대하여 I remember nothing, and other reflections』를 쓴 작가 노라 에프런은 영화 「해리가 샐리를 만났을 때 When Harry Met Sally…」의 시나리오 작가이자 「유브 갓 메일 You've Got Mail」과 「시애틀의 잠 못 이루는 밤 Sleepless In Seattle」의 감독이다. 「뉴욕포스트 New York Post」, 「뉴욕타임스 The New York Times」의 편집장을 지낸 유능한 기자이고 소설과 수필집 다수를 출간한 잘나가는 작가이기도 하다. 그녀는 두 번 이혼했고 세 번째 결혼한 남성과는 22년 이상 해로하고 있다. 그녀는 이혼의 장점에 대해 '그다음 남편에게 훨씬 좋은 아내가 될 가능성을 제공'해주며 '사람은 혼자 힘으로 살아야 한다는 사실을 알게 해준다'고 말한다. 물론 아이들 문제에 이르면 이혼의 장점은 거의 찾아볼 수 없지만 말이다.

그녀는 첫 번째 결혼에 대해 이렇게 말했다. "우리 결혼 생활의 가장 큰 문제는, 남편이 집안일을 분담하지 않는다는 게 아니다. 우리는 믿을 수 없을 만큼 예민한 여성들이었고 남편들은 그런 우리를 매우 짜증나게 했다는 사실이다." 그렇다. 내가 아는 여성은 (나를 포함해서) 모두 다 예민하다. 그녀의 두 번째 이혼은 남자가 바람을 피웠기 때문이었다. 아이가 둘이나 있고 그것도 둘째는 갓 태어난 상태였는데 말이다. 그녀는 분노하고 상처받고 충격에 휩싸였다. 훗날 그녀는 이렇게 말한다.

젊은 사람들이 정절을 지키는 건 쉽지 않은 일이다. 내 생각에, 그런 일은 일어날 수 있다. 내 생각에 사람들은 부주의하고, 그게 그렇게 중요한 문제가 되는 것도 아니다(아이들 문제를 제외하고). (중략) 하지만 그 사람을 용서할 순 없었다. 은유법이 아니라 말 그대로 그는 나를 거의 죽일 뻔했기 때문이다. 사람들은 언제나 시간이 약이며 고통을 잊게 될 거라고 말한다. 나는 이 말에 동의할 수 없다. 나는 그 고통을 기억한다. 진짜 잊어버리는 건 사랑이다.

- 노라 에프런, 『철들면 버려야 할 판타지에 대하여』 중에서

남편이 집안일을 도와주지 않거나, 성격이 맞지 않거나 심지어 바람을 피우는 크고 작은 사건들은 삶에서 얼마든지 일어날 수 있는 일이다. 결코 '있을 수 없는' 일이 아니다. 그런 상황에서는 남편이 얼마나 나쁜 놈인가는 중요치 않다. 자신을 아는 것이 가장 중요하다. 모든 인간관계를 푸는 방법이 그렇듯, 자신의 분노와 참을성의 임계점을 알고 갈등을 해결하는 방식을 선택하는 게 중요하다. 그리고 그 선택이 곧 자신이라는 것을 인정하고 받아들여야 한다.

나 역시 노라 에프런의 말에 동의한다. 진짜 잊어버리는 건 사랑이다. 모든 사랑은 결국 잊히고 만다. 마지막으로 짚고 넘어가야 할 점은 폭력을 쓰는 남자하고는 상종하지 말아야 한다는 거다.

아구구 좋다~

당신, 양말을 그렇게…
개굴~

긁적.
1:5…
1:5…

으응? 여보 왜그래??
???
아니야!! 아니라구!!

주부의 본질

간만에 어린이뮤지컬 표를 끊었다. 공연 며칠 전부터 뮤지컬에 관련된 책도 보고 노래도 챙겨 들었다. 드디어 당일 아침, 아들은 새벽부터 일어나 당장 뮤지컬 보러 가자고 보챘다. 아이의 손을 잡고 달려간 극장 앞에서 우리를 맞은 건 바로 '또봇' 자동차 로봇!

또봇 트라이탄을 본 순간, 아들의 머릿속에서 뮤지컬은 연기처럼 사라지고 말았다. 눈앞의 또봇 자동차 말고 아이에게 중요한 것은 아무것도 없었다. 공연 시간은 다가오는데 아들은 자리에서 일어날 줄 모르고…. 하는 수 없이 변신자동차 앞에 있는 사람에게 물었다.

"이거 얼마예요?"

"○○카드 만들면 선물로 드리는 거예요."

하, 신용카드라. 굳이 카드를 하나 더 만들 필요는 없는데…. 망설이는 내 앞에서 아들은 숫제 드러누울 기세다. 이러지도 저러지도 못하는 당혹감과 난처함, 게다가 뮤지컬이 곧 시작할지도 모른다는 생각에 마음이 다급해진다 그래, 신용카드 하나 정도야 더 만들어도 괜찮겠지. 연회비도 없다는데 뭐가 걱정이야. 당장 이 녀석에게 또봇을 안겨주지 않으면 뮤지컬은 다 본 거나 마찬가지다. 급하게 가입신청서를 썼다. 직업란에 '전업주부'라고 썼더니, 그때까지 카드 혜택을 침이 튀어라 설명하던 여자의 표정이 미묘하게 일그러졌다.

"전업주부시면 카드를 만들 때 남편 분의 동의가 있어야 합니다. 남편 회사, 전화번호, 주민번호 써주시고요. 남편 분한테 확인전화가 갈 거예요. 혹시 몰래 만드는 건 아니시죠?"

뭐야, 지금 사람을 뭘로 보고. 몰래 만드는 거 아니라고요! (맞나?) 물론 카드사의 방침과 영업정책을 이해 못하는 건 아니다. 전업주부는 소득이 없고, 신용의 안정성을 위해 남편의 동의가 필수적일 것이다. 상담사는 당연히 점검해야 할 항목을 물어보았을 뿐이다. 근데 왜 나는 이렇게 초라해질까? 왜 그렇게 입맛이 씁쓸해졌을까?

큰아이 낳고 출퇴근할 때는 전업주부가 얼마나 부러웠는지 모른다. 오전 시간부터 여유롭게 커피숍에 앉아 브런치를 즐

기는 아줌마들을 보면 한숨부터 나왔다. 나는 일도 해야 하고 돈도 벌어야 하고 회사가 끝나면 곧장 집으로 '출근'해야 하는데…. 그렇게 쉴 틈 없이 뛰어다니는데도 아이한테 잘해주지 못하고 아이 교육에 신경 쓰지 못하고 있다는 죄책감에 괴로웠다. 고민 끝에 회사를 그만두었다. 이제 남편이 벌어다주는 돈으로 집도 아기자기하게 꾸미고 아이 교육도 직접 챙겨야지. 각종 문화센터와 브런치와 미술관을 섭렵하는 교양 넘치는 아줌마가 되어야지.

전업주부 3년 차. 큰아이는 아침 아홉 시에 어린이집에 갔다가 오후 두 시면 돌아온다. 아직 24개월인 둘째아이는 종일 집에 있다. 이 아이들에게 하루 세 끼의 식사와 두 번의 간식을 챙겨주면서 살림을 한다는 건 말처럼 행복한 일도, 의지만으로 즐길 수 있는 것도 아니었다. 우아해질 시간은커녕 세수할 시간도 없어 우연히 거울을 때마다 푸석푸석 꼬질꼬질한 아줌마가 거기 있었다. 밤에 간신히 아이들을 재우고 책이라도 읽을라치면 이번에는 입이 심심한데 뭐 먹을 것 좀 없냐며 남편이 말을 건다. 그럴 때면 나도 모르게 짜증이 난다.

"종일 1분도 내 맘대로 못 쉬었어. 나 좀 건드리지 말아줄래?"

더해서 이제 신용카드 한 장 내 의지로 만들지도 못하는 신세다. 젠장!

『여덟 단어』의 저자 박웅현은 광고쟁이다. TV와 신문의 영향력이 갈수록 곤두박질치는 이때, 어떻게 광고를 해야 하는지 고민이 깊은 그가 친구와 막걸리를 한잔한다. 친구가 묻는다. "너 요즘 트위터 좀 보냐?", "너 페이스북 써 봤냐?", "애니팡 진짜 재미있지 않냐?" 그는 대답한다. "그게 다 뭔데?" 친구는 말한다. "너 이거 모르면 광고 제대로 못 만든다."

막걸리 한 사발을 깨끗이 비우고 잔을 내려놓으며 박웅현은 말한다. "난 그거 못 따라가겠다."

급변하는 시대의 흐름을 따라가지 않으면서도 그가 훌륭한 광고를 만들어내는 비결은 무엇일까? 바로 본질을 보려 하기 때문이다. 모든 것이 변하지만 변하지 않는 것. 현상이 어지러울수록 더욱 빛나는 진정성. 그리고 본질을 무엇으로 보느냐에 따라 생각과 행동이 달라진다.

15년째 수영을 해온 그는 수영을 배우는 게 남들보다 세 배는 느렸다고 한다. 어느 날 아내가 물었다. 같이 시작한 사람들은 다 상위 레벨로 올라갔는데 창피하지 않느냐고, 혼자 뒤처져서 어떻게 견디느냐고. 그는 대답한다. "잘하려고 하는 게 아니라 땀을 흘리려고 하는 거니까." 이게 그가 수영을 배우는 본질이자 15년이나 지속할 수 있었던 동력이다.

그는 딸에게도 당부한다. "기준점을 밖에 찍지 말고 안에 찍

어라. 실력이 있으면 얼마든지 별을 만들어낼 수 있다. 언젠가 기회는 온다. 지금은 본질적인 것을 열심히 쌓아두어라."

나는 어떨까? 지금 나는 본질을 놓치고 있는 건 아닐까? 내 인생의 모든 기준점을 밖에 밀어두었던 건 아닐까? 주부라면 이래야 한다거나 엄마라면 어떠해야 한다는 틀에 갇혀 꼭꼭 문을 걸어 잠그고 있던 건 다름 아닌 나였던 게 아닐까?

카드회사에서 남편의 허락 좀 받겠다고 한다 해서, 아침저녁으로 마주치는 사람들이 대부분 내 이름을 모르고 '진서 엄마'라고 부른다고 해서, 신규 사이트에 가입할 때 직업란에 '주부'라고 쓴다고 해서 내가 나 자신이 아닌 것은 아니다. 온종일 집에 틀어박혀 아이 보고 살림한다고 내가 다른 사람이 된다면, 그건 내가 원래 그런 사람이었던 것일지도.

이 모든 걸 그만두어 보자. 나만을 위해 살고 싶다는 이기적인 마음과 좋은 엄마가 못 된다는 죄책감과 내조의 여왕으로 살지 못한다는 열등감과 앞으로도 그렇게 될 수 없을 거라는 패배감까지, 이 모든 것들을 다 지우고 '나'라는 사람의 본질을 보자.

서른일곱, 보석처럼 예쁜 두 아이와 나름대로 쓸 만한 남편과 함께 사는 나는, 돈은 한 푼 벌지 못하지만 살림을 한다. 말 그대로 사람이 살도록 하는 '살림'. 여기서 조금 더 나아가 진짜 나 자신이 하고 싶은 것을 해 보자고 결심한다. 하고 싶은 일이라는 게 결국 책을 읽고 글 쓰는 일이라 해도, 그것으로 내 삶이 조금 달라질 수 있다면.

　나도 안다. 당장 책 몇 권 읽고 글 몇 줄 끄적인다고 해서 인생이 달라지지는 않는다. 그렇지만 어깨를 으쓱해 본다. 내가 좋아서 하는 일이잖아. 타인의 개입에 연연하거나 내가 만든 상자에 스스로 갇혀 무기력하게 한숨 쉬는 건 이세 그만. 좋아하는 책을 읽고, 쓰고 싶은 글을 쓰면서 육아와 글쓰기를 같이 할 수 있다면, 그렇게 해서 어제와 다른 내가 될 수만 있다면, 조금 더 활기차게 살아갈 수 있는 내가 된다면, 그것으로 충분하지 않을까?

4장
내 멋대로 살림하기

하루키와 함께 샐러드를

하루키를 처음 접한 건 『상실의 시대ノルウェイの森』를 통해서였다. 가장 기억에 남는 건 와타나베가 미도리에게 하는 말. "말보로는 여자가 피우는 담배가 아니야." 오, 그렇군요. 커피숍에 앉아 말보로를 피우며 이 책을 읽던 스무 살의 나는 당장 피우던 담배를 비벼 끄고는 다른 담배를 사러 나갔으니, 좀 이상하지만 이렇게 하루키와 나는 먹는 것(?)으로 인연을 맺게 되었다.

하루키의 책을 읽다 보면 자연스럽게 두 가지가 생각난다. 음식과 음악. 가끔은 맥주도. 희한한 건 '음식을 먹고 싶다'가 아니라 '요리를 하고 싶다'는 생각이 든다는 점이다. 요리하면서 느긋하게 음식을 즐기며 빌리 홀리데이를 들을까, 평소에 듣지도 않던 재즈가 당기기도 하고. 거기에 맥주까지 한잔 곁들일 생각을 하면 상상만으로도 흐뭇해져 절로 고개를 끄덕이게 된다.

『무라카미 하루키 잡문집村上春樹 雜文集』에서 그는 '소설가란 무엇인가?'라는 질문에 뜬금없이 해질녘 단골 레스토랑에서 먹는 굴 튀김 이야기를 꺼낸다. '소설가란 이 세상의 굴튀김에 관해 어디까지나 상세하게 써 나가는 인간을 가리킨다.' 그렇다면 그는 굴튀김에 관해 어떻게 썼을까?

레스토랑에 가서 굴튀김을 시킨다. 지글대는 굴튀김이 테이블에 놓인다. 굴튀김을 젓가락으로 잘랐을 때 보이는 굴의 형태, 빛깔, 굴 자체로서의 굴. 입속에 넣는다. 튀김옷과 굴의 조화, 그 감촉과 식감과 향의 배합. 그는 굴튀김을 다 먹고는 계산을 하고 밖으로 나오며 이렇게 마무리한다. '역을 향해 걸어갈 때, 나는 어깨 언저리에서 어렴풋하게 굴튀김의 조용한 격려를 느낀다.'

침을 꼴깍 삼키며 여기까지 읽던 나는 저녁에 마트 갈 계획을 벌써 세우고 있다. 굴튀김의 조용한 격려라니. 나도 진심으로 그런 격려를 받고 싶다.

그뿐인가. 싱그럽고 신선한 양배추를 들고 서 있는 그의 이야기도 감칠맛 난다. '양배추를 살짝 쪄서 안초비와 함께 파스타 재료로 써도 좋고, 유부와 함께 된장국을 끓여도 좋다. 혹은 실처럼 가늘게 채를 썰어 사발 가득 담아 마요네즈를 뿌려 먹는 것도 나쁘지 않고'. 그러면서 이야기한다. '세상에는 예쁜 아가

양상추는
찢어내고
쫙 쫙
양배추는
채를치고.
파
샤
샤
샤
샤
샤
샤
베이컨도
굽고..
마요네즈에
머스타드와
꿀!
계란도
삶고..
자잔!!
그런데
샐러드의 시대가
그대가진
끝나버라구믄..
하루키
그런거지 뭐.

씨를 앞에 두고 자, 오늘 밤은 이 아이를 어떻게 요리할까? 하는 기대에 가슴이 벅차오르는 남자도 적잖이 있을 테지만, 내 경우는 (대체로) 상대가 양배추이거나 가지이거나 아스파라거스가 된다. 좋든 싫든.' 이런 글을 읽다 보면 사발 가득 수북한 양배추 샐러드가 자연스럽게 먹고 싶어진다.

여기에 『채소의 기분, 바다표범의 키스^{村上ラヂオ⑵おおきなかぶ,むずかしいアボカド}』라는 책은 정말 너무한데, 첫 장부터 채소의 기분에 관한 이야기로 시작한다. 이어 햄버거, 시저 샐러드, 병따개로 병맥주 따는 법, 캐러멜 마키아토, 맛있는 칵테일 만드는 법까지. 더해서 아보카도 고르는 방법이며, 버찌를 먹으며 죽음을 두려워하지 않는 젊은이의 기분을 내고 거기에 스테이크까지. '스테이크란 한마디로 꾸미지 않고 아부하지 않고 젠 체하지 않는 남성적인 요리여야 한다고 나는 생각한다.' 이 단호함이라니, 나도 그렇게 생각합니다! 이러니 하루키에 관한 요리책이 안 나오는 게 이상하다(나왔더라).

맛있지만 알려지지 않은 레스토랑이나 바 이야기도 빠지지 않는다. 일본으로 맛집 여행을 떠나야 하나, 아니면 조지아 주 애틀랜타에 가서 남성적인 스테이크라도 먹고 와야 하나. 시니컬한 채소 장아찌 얘기나 커다란 순무를 겁탈하는 남자의 이야기까지. 정말 가지가지다. 그래, 채소의 기분도 생각해줘

야지, 암!

여름의 초입부터 신랑은 샐러드를 해달라고 졸라댔다. 아침마다 수영하러 다니는데 적당하게 끼니를 때울 것이 없단다. 다이어트도 되고 몸에도 좋다는 샐러드 도시락을 만들어달라고 노래를 불렀다. 귀찮아, 바빠, 둘째 어린이집 가면 그때 해줄게. 이런저런 핑계를 대며 미뤄왔다. 그래, 샐러드면 한번 도전해 볼 만하잖아. 하루키가 말한 대로 양파를 투명하게 볶고, 양배추를 얇게 채를 썰어서, 여러 가지 수제 소스를 곁들여서 진짜 하루키스럽게. 올여름 하루키 덕분에 샐러드에 한번 도전해 본다. 그의 책에 샐러드나 스파게티 얘기가 나와서 다행이지, 순댓국이나 뼈다귀 해장국 얘기가 나왔으면 어쩔 뻔했어.

양상추와 양배추를 샀다. 찬물에 씻어 물기를 쪽 빼고는 손으로 자박자박 찢었다. 달걀, 식초, 소금, 설탕과 올리브오일을 한데 넣고 갈았다. 냉장고에 넣었더니 몇 시간 만에 마요네즈가 되었다. 여기에 머스터드소스와 꿀을 섞고, 바짝 구운 베이컨과 삶은 달걀을 네 등분해서 곁들여 그렇게 노래하던 샐러드 도시락을 싸 보냈다. 출근하던 남편에게 전화가 왔다.

"자기야, 오늘 해준 샐러드 완전 환상이었어."

채소를 먹지 않던 진서까지 샐러드를 퍼먹기 시작했다. 마치 소처럼. 음머~. 이렇게 좋아할 줄 알았으면 더 일찍 해줄 걸 그랬나? 신이 났다. 다음 날에는 훈제연어를 곁들였다. 마요네즈에 양파와 피클을 잘게 썰어 꿀을 넣고 드레싱을 만들이고 그 다음 날에는 이름도 낯선 발사믹 식초를 개시했다. 꿀을 곁들여 소스를 만들어 웨지감자를 넣고 버섯을 살짝 데쳐 어린잎 채소와 버무려 먹었다.

나의 테두리는 열려 있다. 삐끔 열려 있다. 나는 그곳으로 세상의 굴튀김과 민스 커틀릿과 새우 크로켓과 지하철 긴자선과 미쓰비시 볼펜을 잇달아 받아들인다. 물질로, 피와 살로, 개념으로, 가설로. 그리고 나는 그것들을 활용해 개인적인 통신장치를 만들어가고자 노력한다. 마치 E.T가 주변에 널린 잡동사니를 조립해서 행성 간의 통신장치를 만들어낸 것처럼. 뭐든 좋다. 뭐든 좋다는 사실이 가장 중요하다. 내게는. 진정한 내게는.
— 무라카미 하루키, 『잡문집』 중에서

한 달 전에는 생각도 못했던 레시피들이 식탁에 넘쳐난다. 새로운 세상이 열린 거다. 나는 이것들을 활용해 나만의 통신장치를 만들어가면 된다. 고맙습니다. 하루키 씨!

샐러드의 새로운 세상을 맛본 지 벌써 두 달이 지났다. 지금

냉장고 안에는 시든 양상추와 곰팡이 핀 브로콜리가 굴러다닌다. 역시 인간은 여간해서는 쉽게 변하지 않는다. 하루키 식대로 말한다면 '그런 거지, 뭐.'

살림이 좋아?

그도 사실은 (미련)곰탱이가 되고 싶진 않았을 거다. 먼 옛날, 원시인이었던 한 남자를 생각해 본다. 남자는 사냥을 나간다. 저 멀리 사슴이 보인다. 정신을 모아 단 한 방에 활을 쏘아야 한다. 맞추지 못하면 사슴의 뒷발에 걸어차여 죽을지도 모른다. 남자는 온 마음을 한 점에 집중한다. 쏜다. 명중! 잡았다. 사슴을 어깨에 걸쳐 메고 집에 돌아온 그는 아내 앞에 턱 하니 죽은 사슴을 내려놓는다. 오늘 남자의 일은 끝났다. 낮 동안의 피로에 지쳐서 휴식을 취한다. 그동안 남자의 아내는 사슴의 살을 자른다. 말려서 먹을까, 구워서 먹을까 아니면 훈제를 할까. 곧 겨울이 올 텐데 오랫동안 상하지 않게 보관해야 한다.

그 시절에는 가장 훌륭한 사냥꾼과 가장 훌륭한 살림꾼만이 생존할 수 있었을 거다. 그 DNA는 아직도 우리의 유전자에 남

아 있다. 그 결과 남자는 직장을 전쟁터로 생각하고, 집에만 오면 그 옛날 동굴에서 쉬듯 한없이 쉬고만 싶다. 여자는 집이 곧 일터이기 때문에 밤낮없이 일을 놓지 못한다. 맞벌이이건 아이가 태어나건 이 공식은 좀처럼 깨지지 않는다.

그 결과 일하는 여자들은 회사가 끝나면 집으로 ‘출근’한다. 먼 옛날 여자 원시인의 DNA가 아직도 우리 몸속에 남아 ‘살림은 여자가 하는 일’이라고 각인된 탓에 기꺼이 집으로 출근하는 게 아니다. 달리 할 사람이 없어서 하는 거다. 더 참지 못하는 사람이 하는 거고, 더 부지런한 사람이 하는 것뿐이다. 산업사회가 되면서 우리의 세상은 판이하게 달라졌지만, 생활패턴만은 그 옛날 동굴에서 사냥하던 때 그대로다.

노동의 개념과 가치도 시대에 따라 달라졌다. 고대 그리스와 중세 시대에 노동은 ‘고통스러운 부담’이나 ‘천벌’의 의미였다. 노동은 인간이 덕을 쌓는 것을 방해하므로 (인간의 범주에 포함되지 않는) 노예에게 맡겼다(여성도 노예에 포함된다). 하지만 근대 산업화 시대에 들어서면서 대량의 노동력이 필요해졌다. 그에 발맞추어 프로테스탄티즘이 위세를 떨치면서 노동의 지위는 극적으로 향상되었다. 노동이 인간의 타락한 영혼과 육체를 구원하는 수단으로 떠오른 것이다. 현대 사회에서 이 믿음은 한층 견고해졌다. 노동은 자신의 자아를 실현하고 가치를 인정받을 수 있는 단 하나의 방법으로 인식되었다.

이처럼 노동을 통한 자기계발의 시대가 왔음에도 여자들의 삶은 별로 변함이 없었다. 여자들은 여전히 아이를 (평균수명이 짧기에) 열 명 정도씩 낳았고 밥하고 물 긷고 빨래하고 청소하는 가사노동에 하루 열세 시간씩 시달려야 했다.

여자의 삶에 변화의 계기를 마련한 것은 과학기술의 발달이다. 세탁기가 출현한 것이다. 장하준 교수의 『그들이 말하지 않는 23가지 23 Things They Don't Tell You About Capitalism』를 보면 여자의 삶을 획기적으로 바꾼 것은 인터넷보다도 세탁기의 발명이었다고 한다. 세탁기의 출현, 그리고 전기와 가스 수도관의 발명으로 여성은 지긋지긋하게 반복되는 가사노동의 세계에서 해방되었다.

여자들이 사회로 나오기까지에는 어쩔 수 없는 이유도 있었다. 세계대전 때 전장으로 나간 남자의 빈자리를 대신해 여자들은 전에는 생각지도 못한, 조선소나 용접소, 설비소에까지 진출했다. 남성과 동등하게 일하는 여자, 프로페셔널한 여자가 인정받는 시대가 온 것이다.

그렇지만 집안일은 여전히 존재한다. 세탁기가, 빨래건조기가, 식기세척기가, 전기 청소기가 있지 않느냐고? 세탁기에 빨래를 집어넣고, 그릇을 식기세척기에 넣고, 청소기를 돌리고 먼지를 닦는 건 누구란 말인가? 음식을 하고 밥을 하고 반찬을 준

비하고 상을 차리는 것은 노동이 아닌가?

나의 현재 직업은 전업주부다. 밖에서 일하는 것도 노동이고 집안일도 노동이라면 왜 집안일은 자아실현이 되지 않는 걸까? 일반적으로 생각하는 '노동'이란 돈을 받거나 이윤을 남길 수 있는 것만을 말한다. 가사노동은 GDP에도 포함되지 않는다. 그렇기에 집안의 모든 영역에 걸친 잡다한 일들, 더해서 감정노동 같은 여자의 일들은 노동이 아닌 비경제활동이 된다.

그러나 여성의 가치도 과거에 비하면 상당히 높아졌다. 교육의 힘, 그리고 현대 사회의 광고와 매스컴의 영향이다. 여성들은 일하고 스스로 돈을 벌면서 당당히 주도권을 차지하게 되었다. 가사와 교육, 가정의 경제를 관리하게 되면서 여성에 대한 대접도 달라졌다. 이로써 전업주부에게 바라는 이상도 높아졌고 동시에 전업주부의 상실감도 깊어졌다. 똑똑하고 예쁘고 시부모 잘 모시고 아이 교육도 잘 시키는 슈퍼맘들에게 끊임없이 비교하면서, 돈을 벌어오지 못한다는 패배감까지 전업주부의 몫이 되었다.

차라리 선택의 여지가 없는 편이 더 나았을까? 여자는 결혼하면 가사만 하고, 남편은 돈만 벌어오는 쪽이 남자에게나 여자에게나 더 편하지 않았을까? 육아와 가사를 도맡지는 않지만, 가사 일을 분담해야 한다고 배워온 지금의 남자들 또한, 지친 몸을 이끌고 집에 돌아가면서 똑같이 생각하지 않을까? 선택의 여지가 많은 건 행복한 일이지만, 할 수 없는 선택의 여지는 고통일 뿐이다.

그래, 할 수 없는 것은 잊고 현재 가지고 있는 것에 집중해 보자. 맞벌이하는 엄마가 얼마나 힘들고 바쁜지 내가 더 잘 알잖아. 기왕 주부가 되었으니 내가 할 수 있는 일을 하면서 좋은 주부가 되는 거야.

그런데 좋은 주부란 무엇일까? 요리의 달인, 수납의 귀재, 인테리어의 천재가 되는 것? 적은 월급이나마 살뜰히 모아 재테크 열심히 해서 넓은 평수의 아파트로 갈아타는 것? 그도 아니면 아들 서울대학교 보내는 것? 이런저런 기준을 중얼거리다 보니 어느 순간 망치로 맞은 듯 머리가 멍해진다.

나는 아직도 회사 다닐 때처럼 살고 있구나. 어떠한 목표('최고의 주부')를 정해놓고 달성하려 하는구나. 큰 목표에 따라 세부 목표를 세우고 일정을 관리하고 추이를 분석하고 목표 대비 성과 비율을 측정하듯이 그렇게 살림하고 육아를 하려 하는구나. 그게 모든 문제의 원인이겠구나.

지금의 여성은 인류 기원 이래로 진행되어온 여성의 모든 가치를 내면에 각인하고 산다. 살림을 하는 주부, 한 집안의 재산으로서의 며느리, 아이를 낳고 키우는 엄마, 남편의 성적 파트

너, 끊임없이 자극과 감동을 주어야 하는 뮤즈, 남성과 동등한 경제력을 지니는 파트너, 그 모든 역할이 한 여자 안에 있지만, 그것들은 때로 어긋나고 종종 충돌한다.

35년이 넘는 시간 동안 눈에 보이는 효과를 추구하는 사회에서 살아왔다. 계획이나 목표를 정해 실현하고자 애썼다. 목표를 달성하고 성과가 클수록 능력을 인정받아왔다. 일을 했으면 눈에 보이는 성과를 내야 했고 공부를 했으면 등수가 올라야 했다. 그렇게 뇌의 회로는 성과중심 시스템에 최적화되었다.

하지만 주부의 일에 성과란 없다. 인풋 대비 아웃풋이 나오지 않으며 등수를 매길 수도 없고 가시적인 효과도 나타나지 않는다(효과가 나 봤자 이틀을 넘기지 못한다). 애초부터 성과가 나지 않는 게임에 뛰어들어 승부에 집착하고 있으니, 그렇게 버벅대던 게 당연하다.

그래, 나는 초보 주부일 뿐이다. 이제는 나를 위해 게임을 즐기는 법을 알아가야겠다. 『아웃라이어^{Outliers}』를 보면 1만 시간은 지나야 달인이 된다는데, 주부의 달인이 되려면 아직 7년이나 남았다. 하하하. 여보, 애들아, 미안!

오븐에 관한 이야기

동생네 집에 갔다. 주방에 오븐이 떡하니 자리를 차리하고 있었다. 너무 크지도 작지도 않고 전자렌지만 한 딱 알맞은 크기의 오븐. "이걸로 뭘 해 먹어?" 하고 물었더니 할 말이 많았는지 동생의 얼굴이 환해진다.

"언니, 애들하고 같이 빵 만들기나 머핀 굽기 해 봐. 애들이 얼마나 좋아한다고. 직접 반죽하다 보면 아이들 머리도 좋아진대. 요즘엔 문화센터에 쿠킹 클래스도 많잖아."

정말 만족하는 모양이다 자랑질을 멈추지 않더니 끝내 한마디 보탠다.

"언니, 직접 만들다 보면 사먹는 빵은 맛 없어서 못 먹어. 한번 해 봐."

그래? 그럼 시작하지 않을래. 난 빵 먹고 싶을 때는 바로 사다

가 먹고 싶거든. 번거롭게 재료들 다 사들이고 반죽한다고 한참을 치대다가 오븐에서 빵이 익어가기를 애태우며 기다리고 싶지는 않아. 먹고 싶을 때 먹는 게 가장 맛난 거 아니겠어? 모든 것이 갖춰 있지 않아서 먹고 싶은 빵 못 먹고 군침만 삼키는 신세는 되고 싶지 않아.

속으로는 이리 생각했지만, "머리가 좋아진다고? 문화센터 안 다닐 바엔 집에서 한번 해 볼까?" 멍청하게 물었다. "이걸로 피자도 구울 수 있어? 스파게티는?" 동생은 의기양양하게 답한다. "당연하지. 치킨도 할 수 있어." 이 말에 옆에 있던 남편의 눈빛이 달라졌다. 남편이 세상에서 가장 좋아하는 게 바로 치맥이다. 거기에 동생이 덧붙이는 한마디.

"언니, 브라우니도 만들 수 있어."

아니, 그게 정말이야? 난 브라우니에 환장하는 사람이다.

상상해 봤다. 앞치마를 두르고 아이들과 함께 빵가루와 달걀과 버터를 반죽해 쿠키를 굽거나 머핀을 만든다. 겉은 바삭하지만 속은 부드러운 바게트도 좋다. 하얀색 레이스로 장식된 예쁜 소쿠리에 담아 향기로운 차를 곁들여 먹는다. 그 모든 광경이 내가 동경해온 단란한 가족의 아름다운 모습 아닌가. 햇살이 간질간질 따사로운 날, 레이스 달린 소쿠리와 돗자리를 가지고 시민의 숲에 가는 거야. 직접 구운 빵과 쿠키를 꺼내놓고 냠냠

먹는 거야. 아, 더 이상 기다릴 수가 없다. 지체 없이 홈쇼핑에서 방송하는 오븐을 샀다.

오븐이 도착했다. 이제 새로운 세계가 열렸다. 먼저 감자와 양파를 잘게, 너무 얇지는 않게 썰어 허브 소금을 솔솔 뿌리고 오븐에 돌려 보았다. 15분쯤 지나자 웬지 감자 비스름한 맛이 난다. 고구마는 군고구마처럼 되고 당근은 패밀리 레스토랑의 샐러드에 딸려 나오는 당근 같다. 와, 오븐에다가 무엇을 돌리든 그 이상의 맛이 나는구나. 이상한 믿음을 갖게 된 나는 준비운동은 끝내고 본 요리에 들어갔다.

아이들과 스콘을 굽기로 했다. 근데 왜 이리 들어가는 게 많은 거니? 박력분은 뭐고 베이킹파우더에 버터, 설탕, 달걀에 우유까지. 아이들에게 휘휘 저으라고 하니 온 얼굴에 밀가루를 묻히고 (온 집 안에 밀가루를 풀풀 날리며) 신나게 젓는다. 근데 왜 이리 반죽이 걸쭉하지? 밀가루가 좀 적었나? 아이들 몸에 좋으라고 콩가루를 좀 넣어 볼까? 그렇게 만들어진 스콘은 뭔가 정체를 알 수 없는 맛이었지만 아이들은 오븐의 불이 꺼지기만을 목이 빠져라 기다리다가 게눈 감추듯 먹었다.

이번엔 쿠키 틀을 사들였다. 코코넛 가루, 아몬드, 호두까지 사서 쿠키 만들기에 도전했다. 근데 어라, 쿠키 반죽이 이상하다. 반죽에다 사람 모양 틀을 눌렀다가 떼었더니 틀에 반죽이

아빠!!
우리 또 케이크
만들어요!!

케이크는,
빵집에서
사먹는거야!!

지난번엔
만들어먹었잖아...

으하하하하하

흥....

그건
맛이
없었잖아.
전혀.
그러니까...
사먹자.

흥이

저양반이...

고대로 따라 올라온다. 결국 사람 모양 쿠키는 나무 모양이 되고 별 모양 쿠키는 주유소 앞에 서 있는 춤추는 사람 풍선 모양이 되었다. 다행인 건 맛은 꽤 괜찮았다는 거다. 아이들은 좋아서 입이 귀에 걸렸다. 바로 이거야. 새로운 인생이 눈앞에 펼쳐졌다. 아침엔 빵을 굽고, 간식으로 비스킷이나 머핀, 파이 같은 걸 굽는다. 저녁에는 기름기 쫙 뺀 닭 요리를 해 먹자. 다음 날엔 스파게티, 다음 날엔 식빵과 피자…. 정말 경이로운 하루하루다. 하루 세끼밖에 해 먹을 수 없다는 것이 아쉬울 지경이다.

그런데 귀찮은 일들이 한두 가지가 아니다. 어느 날부터인가 박력분이나 베이킹파우더를 모두 생략하고 반죽해서 굽기만 하면 되는 재료를 샀다. 그리고 어느 순간에는 그마저도 그만두었다. 어째서 직접 만들어 먹는 게 더 돈이 많이 드는 것일까. 재료는 비싼 데다 시간은 몇 배로 들고 남편은 맛을 볼 때마다 푸하하 웃음을 터트리곤 하는데. 맛을 보장할 수 없는 그 모든 행위가 귀찮고 지겨워졌다. 이건 마치 흔하디 흔한 사랑 이야기이기도 하다. 누군가를 사랑한다. 만져도 보고 함께할 수 있는 모든 것을 조금이라도 함께하고 싶어 안달복달한다. 그리고 어느 순간, 모든 것이 거짓말처럼 뻔하고 지겨워진다. 즐거웠던 모든 것들이 귀찮아진다. 빵을 만들기 위해 하나하나 재료를 사고 반죽을 하고 예열을 하고 구워야 하는 전 과정이 그렇게 번거로울

수가 없다.

얼마 전 동생에게 물었다. "아직도 오븐 잘 써?" 동생이 대답했다. "프라이팬 거치대 된 지 오래야."

그러다 얼마 전 오랜만에 케이크를 만들어 보겠다고 결심했다. 요즘 읽는 『철들면 버려야 할 판타지에 대하여』에 크리스마스 만찬을 하는 장면이 나온다. 저자는 22년 동안 줄곧 전통적인 크리스마스 만찬을 해왔다. 어른 여덟 명과 아이 여섯 명이 친구네 집에 모여 선물을 주고받고 크리스마를 기념하는 식사를 한다. 누군가는 애피타이저를, 누군가는 메인 요리를, 저자는 디저트를 준비한다.

그런데 어느 날, 저자와 같이 디저트를 준비하던 루시가 세상을 떠났다. 루시가 죽고 나서 한 달 뒤, 또다시 만찬을 준비해야 하는 크리스마스가 돌아오자 저자는 이렇게 쓴다.

루시가 없으므로 모든 것이 예전 같지 않았다. 삶은 예전 같지 않았고, 크리스마스 만찬도 예전 같지 않았고, 루시의 빵 푸딩(루시의 레시피에 따라 내가 만들어갔다)도 예전 같지 않았다. 올해의 크리스마스 만찬을 언제 열 것인지에 대해 논의를 시작했을 때, 나는 피비에게 루시의 빵 푸딩을 다시 만들지 않겠노라고 선언했다. 루시의 죽음 때문에 이미 속이 많이 상했는데, 빵 푸딩을 직접 만들면서 훨씬 더 마음 아팠기 때문이다.

– 노라 에프런, 『철들면 버려야 할 판타지에 대하여』 중에서

루시가 없는 크리스마스 만찬의 이러저러한 소동 속에서 저자는 루시를 그리워한다. '루시가 살아 있었다면 이런 일은 생기지 않았을 것'이라고. 루시야말로 '크리스마스의 본질 자체'였기에 그녀 없는 친구들은 서로 물어뜯으려 안달일 뿐이라고. 그러고는 '루시의 브레드 앤드 버터 푸딩 레시피'를 두 페이지에 걸쳐 자세히 소개하며 이 장은 마무리된다.

나는 생각했다. 내가 없어지면 사람들은 나의 어떤 요리를 기억할까? 결혼하면서 집에서 나왔을 때 가장 가슴 사무치게 생각났던 건, 엄마의 오징어무국과 고등어조림이었다. 평범하기 이를 데 없는 그것들을 수십 번이나 해 보았지만 결코 엄마의 맛은 나지 않았다. 내가 없어지면 생각나게 될 요리는 어쩌면 계란프라이, 계란찜, 계란 장조림, 계란말이와 계란 말다가 실패한 에그 스크램블 정도?

안 된다. 그럴 순 없다. 나는 갑자기 루시의 레시피 정도는 아니지만, 무언가 제대로 된 음식을 하고 싶어졌고, 마침 우리 부부의 결혼기념일이 다가왔기 때문에, 오븐을 장만하고도 1년이 지나도록 한 번도 시도하지 않던 고난도의 케이크 만들기에 도

전하기로 했다.

우선 이것저것 재료를 주문했다. 빵을 굽고 크림을 바른다. 데코는 아들이 맡았다. 촛불을 꽂고 반짝이까지 붙이고 보니 오호, 그럴 듯하다. 세 시간 가까이 온몸에 밀가루와 크림을 묻혀가며 만든 케이크를 보니 얼마나 뿌듯하고 아름답던지. 아이들은 당장에라도 한입 먹고 싶어 안달이 났지만 남편이 올 때까지 간신히 달래 기다렸다. 드디어 남편이 퇴근해 들어왔다. 아들의 축하노래와 딸의 춤사위를 보고 드디어 기대했던 시식 시간!

음, 무언가 맛이… 엄청난 느낌이다. 엄청나게 달고, 엄청나게 크림이 많고, 빵에 들어간 과일도 엄청나게 크고… 덕지덕지 바른 크림은 녹아내리고, 빵 아랫부분은 탔는데 위는 조금 서걱댄다. 그래도 엄청나게 맛있었다. 남편도 고마워하며 맛나게 먹었다(그런 줄만 알았다).

그날 밤 아이를 재우고 거실로 나오는데 남편이 찬밥에 물 말아 먹는 걸 목격했다. "미안, 케이크가 너무 느끼해서…." 흥, 나는 맛있기만 하던데.

그 뒤 얼마 지나지 않아 아들 생일이었다. 또 케이크를 만들자는 아들에게 남편이 이렇게 말하는 걸 듣고 말았다.

"진서야, 케이크는 빵집에서 사다가 먹는 거야."

"응? 우리 요전에는 만들어 먹었잖아?"

남편이 단호하게 말한다.

"맛이 없었잖아."

아들의 눈이 똥그래진다. "나는 진짜 진짜 맛있던데? 또 해줘. 또 케이크 만들래. 맛있단 말이야!"

달려가 아들의 볼에 내 볼을 대고 한참을 부비부비했다. 역시 넌 내 아들이야. 그 이상하고 꾸리한 맛에도 아들은 주저 없이 엄지손가락을 치켜들었다. 나 또한 조금 느끼하고 조금 서걱대고 조금 독특하긴 했어도 진정으로 맛있었다. 그럼 남편도 맛있게 먹게 하려면 남편더러 직접 케이크를 굽게 해야 하나?

이래저래 이제는 남편이 오븐과 사랑에 빠질 시점인가 보다. 그런 사랑이라면, 그 사랑을 응원하겠다.

전세 구하기

집은 중요하다. 우선 의식주 가운데 가격이 가장 비싸고 (대부분 가정의 전 재산이다) 집의 위치로 생활양식이 결정된다. 남편의 통근시간, 아이의 어린이집, 주변의 편의시설, 놀이터, 쇼핑몰과 심지어 교류하는 친구까지 많은 것들이 집을 중심으로 이루어진다. 우리 집의 전세기간 만료일이 다가오고 있다. 다섯 달쯤 전부터 남편과 나는 부동산 삼매경에 빠졌다. 우리가 가지고 있는 자금(전세금)과 생각할 수 있는 모든 경우의 수를 생각하며 하루에도 열두 번씩 부동산 사이트를 '광클'하는 나날.

우리가 집을 구하는 데 고려할 점은 세 가지였다. 첫째, 아들의 교육환경(자연과 벗하고 안전하게 뛰어놀 수 있는 장소가 주변에 있는가, 그리고 단지 내에 초등학교가 있는가). 둘째, 남편의 통근시간. 셋째, 생활의 편리성(마트와 병원 접근성). 다른 것은 보지 않고 이 세

가지만 보기로 했다. 그런데 이를 어째! 세 가지 다 흡족한 곳이 없었다. 세 가지 조건을 내세운 것 자체가 지나친 욕심이었나?

아들이 뛰어놀기 좋은 산 아래나 천이 있는 곳은 남편의 회사에서 너무 멀다. 이런 곳은 마트와 병원을 갈 때 버스를 타고 나가야 한다. 남편의 출퇴근이 쉽고 마트가 가까운 곳이면 아이가 놀만 한 곳이 없었다. 기껏해야 아파트 단지 안에 있는 손바닥만 한 놀이터뿐. 물론 드물게 이 세 가지를 모두 만족시키는 곳도 있기는 있었다. 그런 곳은 너무 비싸다.

고민하는 동안 갑자기 사방에서 전세대란이란다. 전셋값이 하루가 다르게 몇 천만 원이 우습다는 듯 뛰기 시작했다. 젠장, 이럴 바엔 그냥 단독주택을 지어버려? 내 집에 살면 이사 걱정 안 하고 살아도 되잖아.

이런 시점에 『두 남자의 집짓기』를 열광하면서 읽었다. 옆에서 놀아달라는 둘째에게 장난감 하나와 까까를 쥐어주고는 단숨에 읽어내려갔다. 책을 읽고 흥분한 나는 남편이 퇴근해 오자 뒤를 졸졸 쫓아다녔다.

"자기야, 3억만 있으면 단독주택 짓는대."

"에잇, 설마! 어디 시골 촌구석에 짓는 거겠지."

"아냐. 용인 동백지구야. 회사에서 한 시간 정도 걸리지? 거기 48평이래. 마당도 있고, 봐 봐!"

어느새 나는 단독주택 예찬론자가 되었다. 관리비랑 난방비가 많이 나온다, 짓는 데 시간이 오래 걸린다는 남편의 말에 조목조목 반박했다. 단독주택은 나중에 나이 들어서 우리끼리 살 때나 짓자는 신랑에게 버럭 화를 내며 책을 던져버렸다. 이 책이나 읽고 말하라고. 남편이 의심스러운 눈빛으로 나를 본다. 진짜 단독주택에 살고 싶으냐고. 그러면 한번 생각해 보자고.

물론 살고 싶다. 우리 진서와 민서가 마당에서 뒹굴면서, 자기 키와 같이 자라는 나무를 보고, 봄이면 팔랑대는 나비를 쫓으면서 햇살 속에 뛰놀게 하고 싶다. 아래층 눈치 보지 않고 집안에서 숨바꼭질하면서 그렇게 살고 싶다. 당연하지 않은가.

그런데 사실 용기가 나지 않는다. 남편 회사도 멀고 아무 연고도 없는 곳에서 나 혼자 아이들을 키울 용기. 마트 가고 쇼핑할 때 버스를 타고 가서 짐까지 들고 두 아이를 데리고 올 수 있는 용기(혹은 체력), 친구도 없는 그곳에서 종일 아이만 보다가 남편 퇴근 시간만 손꼽아 기다리는 여자가 되지 않을 용기가 없다. 그리고 사실 3억이라는 돈도(이게 가장 결정적이지만).

고민을 하다 보니 모든 게 돈 문제처럼 느껴진다. 사실 말이야 바른 말이지, 돈만 넉넉히 있다면 내가 원하는 조건을 모두 충족할 수 있는 집쯤이야 어렵지 않게 구할 수 있다. 지금 사는 집이 바로 그런 집이니까. 하지만 어떻게 2년 동안 5천만 원이 넘게 뛰는 전셋값을 감당한단 말인가? 2년간 5백만 원도 저금 못했는데.

지금 사는 집의 전셋값은 감당하지 못하고, 단독주택의 꿈은 꿈으로 남겨둔 채 그냥 가진 돈에 맞춰 전세를 구하기로 결심했다. 그런데 이렇게까지 마음을 비웠는데도 웬 집값이 그리 비싼지. 도대체 평범한 사람들이 서울의 30평대 아파트에서 (매매도 아니고) 전세를 사는 것이 가능하긴 한 건가. 분노가 치민다. 당장 빨간 띠 두르고 팔 걷어붙이고 '못살겠다, 전세대란!'을 외치며 거리로 나갈까? 그런데 아이는 어디다 맡기고 데모하지?

결국 내가 고민하는 건 대출 받아 '인 서울'에서 살까, 대출 안 받고 '아웃 서울'에서 살까 하는 것뿐이다. 돈 없는 처지를 비관하면서.

에잇, 기왕 이렇게 된 거 집 사면서 재테크 하는 거야! 빌딩부자의 꿈을 키워 월세의 여왕이 되는 거지! 엄마들 사이에 전설처럼 내려오는 김 여사 있잖아. 남편의 쥐꼬리만 한 월급 모아 아파트 갈아타기 잘해서 빌딩부자가 되었다는 김 여사. 물론 지금 경기가 그때 그 시절 같지는 않겠지만, 그래도 되는 사람은 다 된다잖아. 요즘 경매 나온 물건도 많다는데, 남들이 모두 아니라고 할 때 진짜 부자들은 투자한다는데. 그래, 내가 더러워서 빌딩 사고 만다! 이런 생각을 하고 나니 철학책이나 문학 고

전을 읽겠다는 각오가 사치처럼 느껴진다. 들고 있던 철학책을 당장 내려놓고 『빌딩부자들』을 찾아 읽었다.

저자는 단호하게 말한다. 고액 아파트에 현금 묻어두지 말고 적은 돈이라도 세가 나오는 곳에 투자하라고. '노동을 팔지 않아도 고정적으로 들어오는 돈을 만드는 게 중요하다'고. 그래, 맞는 말이야. 현금 흐름이 가장 중요하지. 노동하지 않고도 고정적으로 들어오는 돈이 있다면 그야말로 환상이지. 근데 그걸 도대체 어떻게 만드냐고. 저녁에 집에 온 남편을 또 졸졸 쫓아다녔다.

"자기야. 빌딩부자들도 처음에는 다 적은 돈으로 시작했대. 처음 목표는 월급 300만 원 받을 경우 30만 원의 임대수익이 나오도록 잡으라는데…."

신랑은 구미가 당기는지 "오, 좋은데. 그게 가능해? 자기가 빌딩 관리만 한다면 나는 괜찮아." 하고 맞장구를 쳐주더니 몇 초 안 지나 화를 벌컥 낸다.

"300만 원으로 살 수 있는 집이 어디 있어? 월 30만 원 임대수익 받으려면 못해도 1억짜리 건물이어야 하는데, 그걸 어떻게 300만 원으로 사나?"

할 말이 궁해진 나는 신랑에게 『빌딩부자들』 책을 집어던졌다.

"아, 나도 몰라. 근데 이 책에서는 그게 된다잖아. 자기가 한번 읽어 봐!”

사실 저자는 이렇게 말했다. “빌딩부자들이 평범한 사람들과 다른 점이 있었다면 ‘내 빌딩을 갖겠다’는 꿈이 확고했고 최소 10년 이상 집요하게 그 꿈을 생각하며 그것을 이루기 위해 실천해왔다는 점이다. 얼마가 있느냐보다 지금 당장, 목표를 가지고 시작하는 것이 중요하다.”

결국 지금 월 30만 원의 임대소득은커녕 이자로 30만 원을 낼까 말까 고민하는 이유는 나의 ‘꿈이 없음’과 ‘게으름’ 때문이다. 발품 팔아서 경매물건 알아보지 않고, 재건축 알아보지 않고, 시세 차익 챙기는 정보에 어둡고, 헐값으로 나온 건물 리모델링해서 비싸게 파는 수완을 발휘하지 못해서다. 젠장!

그러는 동안에도 날짜는 점점 흘러갔다. 허겁지겁 그래도 괜찮다고 생각한 곳과 계약을 하려 했다. 그런데 계약서 도장 찍기 30분 전에 없었던 일로 하잔다. 그것도 세 번이나. 한번은 전세를 매매로 돌린다고, 한번은 전세 내놓지 않고 자기네가 살겠다고. 한번은 본래 살고 있던 세입자가 돈 올려주기로 했다고. 장난하시나!

올해 이사 운이 없다더니 정말 더럽게 없구나. 이러다가 혹시라도 계약하지 못하면 어쩌지? 짐은 이삿짐센터에 맡기고 몸만 친정으로 대피해야 하나? 걱정은 하나둘 늘어나는데 더욱 나를

자기야!!
우리 단독주택을 짓자!!
잉?
그게 가능해?
단독주택을
일단 돈도 돈이고 관리비랑...

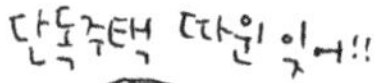

이거나 읽고말해!!

퍽
투잡자 책치기

단독주택 따윈 잊어!!
목표는 빌딩소유주다!!
하아...
아니 그게 말이나 되는..

읽어 보라고!!
이길게!!

화나게 하는 건 바로 남편의 반응이었다.

어디를 가자고 하든 대답은 한결같이 '당신 편한 곳으로 해' 였으니 말이다. 집 구하는 일을 나 편한 곳으로 혼자 알아서 결정하라니, 이걸 존중이라고 해야 하나, 무관심이라고 해야 하나. 그래서 결정해버렸다. 내가 편한 곳으로(나중에 불만 있다고 하기만 해 봐라)! 세 가지 조건 중에서 내가 가장 중요하게 여기는 건, 자연 속에서 아이가 뛰어놀 수 있는 곳이다. 아이가 안전하게 나가 놀 곳이 많아서 내가 덜 놀아줄 수 있는 곳. 경기도 어느 산바로 아래에 자리한 아파트. 남편의 회사까지는 한 시간 거리, 아파트 단지 앞 상가와 마트 이용 가능. 결정적으로 지금의 전세금보다 싸다(이게 가장 중요하다. 왜냐하면 남은 돈은 대학원 등록금으로 쓸 생각이거든. 호호. 내가 편한 대로 하라며?)

드디어 어제 전세 구하기의 긴 여정을 마치고 계약 완료. 하하하! 이제 인테리어 책이다!

5장
욕망해도 괜찮아

????
....
....
캭!!

청춘의 끝에 관하여

 청춘, 하면 떠오르는 시가 있다.

가난한 내가

아름다운 나타샤를 사랑해서

오늘밤은 푹푹 눈이 나린다

나타샤를 사랑은 하고

눈은 푹푹 날리고

나는 혼자 쓸쓸히 앉어 소주를 마신다

소주를 마시며 생각한다

나타샤와 나는

눈이 푹푹 쌓이는 밤 흰 당나귀를 타고

산골로 가자 출출이 우는 깊은 산골로 가 마가리에 살자

(중략)

눈은 푹푹 나리고

아름다운 나타샤는 나를 사랑하고

어데서 흰 당나귀도 오늘밤이 좋아서 응앙응앙 울을 것이다.

– 백석, 「나와 나타샤와 흰 당나귀」 중에서

나에게도 이런 일이 있었다. 가난한 내가 사랑하는 사람을 기다리는데 눈은 푹푹 나리고 그는 오지 않았다. 어쩔 수 없이 혼자 쓸쓸히 앉아 소주를 마셨다. 백석은 소주를 마시면서도 끝내 주는 문장을 생각하고 몇 번을 다시 봐도 아름다운 시를 남겼는데, 나는 고작 삐삐를 만지작거릴 뿐이었다.

삐삐를 껐다가 켰다가 또 다시 껐다가 더는 참을 수 없어 공중전화 앞에서 한참 차례를 기다렸다. 마침내 수화기를 들고 동전을 넣고 그의 삐삐번호를 눌렀지만 발신음이 끝나기도 전에 끊어버렸다. 그러고는 다시 자리로 돌아와 소주를 마시며 지금이라도 그가 문을 열고 들어서지 않을까, 멍하니 술집의 문만 바라보았다.

대학교 신입생 시절, 동기였던 그와는 손끝만 닿아도 화드득 놀랄 정도로 신경을 곤두세우던 사이였다. 우리는 작은 부딪힘에도 깜짝깜짝 놀라고는, 놀란 자신이 민망해서 모른척했다. 그

럼에도 이상하게 내 주변에는 언제나 그가 있었다. 아마 그의 주변에도 항상 내가 있었을 테지. 그렇게 우리는 상대를 의식하면서도 필사적으로 외면했다.

어느 순간 우리는 같은 동아리에 속해 있었다. 자연스레 서로의 스케줄을 챙겨주고 밥도 같이 먹는 사이가 되었다. 그리고 (어떻게 알게 되었는지는 죽어도 생각나지 않지만) 그의 삐삐 비밀번호를 알게 되었다. 내가 자기의 비밀번호를 안다는 사실을 그는 몰랐다(그러니 그가 알려주지 않은 건 확실한데 말이다).

비밀번호를 알아낸 바로 그날 밤, 바람 부는 공중전화 앞에서 날리는 머리카락을 매만지며 그의 삐삐번호를 눌렀다. 호출은 1번, 녹음은 2번… 익숙한 멘트가 나오자 재빨리 비밀번호를 눌렀다. 콩닥거리는 가슴을 안고 숨죽여 기다렸다. 남의 일기장을 몰래 들여다보는 느낌이 꼭 그럴까. '녹음된 메시지 7개'라는 메시지가 흘러나왔다.

1번 메시지. "○○야, 내일 과방으로 와. 숙제한 거 보여줄게." 그건 내 목소리였다. 어라, 아까 보낸 건데 안 지웠나?

2번 메시지. "○○야, 점심 어디서 먹고 있어? 나 점심 안 먹었어. 배고파. 어디야?" 이건 또 나다. 뭔가 이상하다.

3번 메시지. "선배들이 술 사준대. □□로 와." 또 나다.

4번, 5번, 6번, 7번 메시지 모두 다. 일곱 개의 메시지는 우리

그애
비밀번호를...
허슴에,
이래도 되나..
내일
과방에서
보자!
밥
먹었어?
선배들이
보재
과제
했니?
자니?
뭐해?
....
있잖아...
전부 나잖아!!
다음날
어?
야..
아..
안녕?
???

가 처음 만났던 3월부터 당시 6월까지 그의 삐삐에 녹음한 내 목소리뿐이었다. 다음 날 숙제를 보여주기 위해 과방에서 그를 만났다. 나는 시선을 애써 피하면서 딴소리만 해대다가 도망치듯 그 자리를 피해버렸다.

백석은 시「나와 나타샤와 흰 당나귀」를 연인이었던 기생 자야를 위해 썼다고 한다. 자야는 법정스님한테 길상사를 시주한 바로 그 보살님이다. 길상사는 박정희 정부 때 날리던 3대 요정이었다. 가난한 집안을 일으키기 위해 기생이 된 자야는 백석과 만나 첫눈에 반하게 된다.

같이 만주로 가자고 설득하던 백석을 혼자 떠나보냈는데, 그대로 남과 북이 갈라지면서 둘은 영원히 만나지 못하게 된다. 자야는 그 후 사업에 성공해 큰 재산을 모으고 공부도 다시 시작하지만, 허전한 마음은 채울 수 없었다고 한다. 서울의 노른자 땅에 위치한 천억 원 부지를 법정스님에게 기부하며 그녀는 말했다고 한다. 내 재산을 모두 합쳐도 그 사람의 시 한 줄보다는 못하다고.

시 한 줄 받지는 못했지만, 삐삐의 음성녹음을 통해 그의 마음을 알게 된 나는 차마 삐삐 음성을 들었다고 고백하지 못했다. 그 역시 삐삐에 내 목소리만 저장해놓았다고 단 한 번도 얘기하지 않았다. 영화나 드라마를 보면 술 마시고 취중 진담을 하거나, 주인공이 빼면 친구들이 알아서 척척 나서주기도 하던데, 내 친구들은 자기들 연애상담 하느라 여념이 없었고, 술자리에서 먼저 취한 녀석들 등 두들겨주다 보면 그는 이미 떠난 후였다.

겨울방학을 코앞에 둔 종강 날이었다. 푹푹 나리는 눈을 맞으며 나는 생각했다. 오늘은 기필코 고백을 받아내리라. 너의 삐삐에 아직도 나의 목소리가 있느냐고 꼭 물어보리라. 하지만 기다리던 그는 끝내 오지 않았고, 그를 생각하며 혼자 마신 소주들은 백석의 시 한 줄만도 못하게 흩어져버렸다.

시간이 흘러 봄이 왔다. 신학기가 되어 신입생들이 들어오고 선배들은 복학했다. 그는 나보다 어리고 예쁜 후배와 알콩달콩 사랑을 키우다 군대에 갔고, 군대에서 몇 번 편지를 보내왔지만 나는 다른 남자와 달콤한 밀당에 여념이 없어 그의 편지 따윈 무시해버렸다. 그리고 당시 처음 출시된 휴대폰을 샀다. 다시는 삐삐를 치는 일도, 그를 생각하는 일도 없어져버렸다.

그와 다시 마주친 건 그 후로도 한참을 지나 지하철에서였다. 그동안 나는 몇 번의 연애를 했다. 마지막 남자친구와 결혼을 하고 임신을 했다. 퇴근길이었다. 지하철 문이 열렸다. 임신한 배를 내밀고 내리는 내 앞에 거짓말처럼 그가 서 있었다. 무슨 영화처럼…. 젠장. 영화에서는 첫사랑과 재회하는 장면도 그렇

게 애틋하고 멋지더니만, 회사 일에 지쳐 기미 낀 얼굴을 해가
지고 펑퍼짐한 임부복을 입고 뒤뚱거리는 내 앞에 그가 나타나
다니. 그런데 그는 변한 것 하나 없이 예전 그대로였다.

우리는 놀란 얼굴로 서로를 쳐다보았다. 그는 지하철을 몇 대
나 놓치면서 잘 지내느냐고, 그동안 어떻게 지냈느냐고 물었다.
그는 우리 집 근처 제약회사에 다니고 있었다.

"야, 정말 못 알아보겠다. 결혼했다는 이야기는 들었는데…."
내 배에 슬쩍 눈길을 주며 그는 덧붙였다.
"임신했구나. 나 예전에 너 정말 좋아했는데."
나는 웃으면서 대꾸했다.
"영업사원이라더니 넉살만 늘었다, 너~."
하지만 그 순간 나는 알았다. 내 인생의 아름다웠던 청춘이
지금 이 순간 끝나버렸음을.

『쿨하고 와일드한 백일몽村上朝日堂, はいほー』이라는 책에서 하루키
는 청춘이라 불리는 심적 상황의 끝에 대한 생생한 이야기를 들
려준다. 그는 서른 살 때 아주 아름다운 여자와 식사를 하게 되
는데, 그녀는 옛날에 알았던 (좋아했던) 여자와 너무도 닮아 있
었다. 하루키의 표현대로라면 정말이지 가슴이 아릴 정도로. 그
여자도 나이를 먹었으면 이런 모습일까 생각했다니 식사 내내

얼마나 가슴이 짠했을까. 그녀와의 식사는 무척 즐거웠지만 하루키는 그것이 끝이라는 것을 잘 알고 있었다고 한다. 하지만 동시에 이대로 끝내고 싶지 않은 마음도 있었다고 한다. 하루키는 결국 이렇게 말하고 만다.

"내가 옛날에 알았던 한 여자와 참 많이 닮았어요. 정말 놀라울 정도로."

그 말을 들은 상대 여자는 방긋 웃었다. 멋지고 완결된 웃음.

"남자 분들은 그런 말씀을 잘하시네요. 세련된 말이라고는 생각하지만."

그 말을 들은 순간 하루키는 자신 안의 무언가가 사라지고 훼손되는 걸 느꼈다고 한다. 줄곧 신뢰하며 살아왔던 무언가, 어떤 류의 무방비함, 아무리 괴롭더라도 고이고이 지켜온 무언가가 어이없이 사라지고 상실되고 말았다는 것이다.

내가 소중하게 간직했던 것은, 정확히 말해 그녀가 아니라 그녀에 관한 기억이었다. (중략) 그것이 실로 허무하게 사라져버린 것이다. 그녀와의 그 짧은 대화로, 한순간에. 그리고 그것이 사라짐과 동시에 청춘이라는 이름으로 불릴 만한 막연한 심적 상황도 끝나고 말았다. 나는 그것을 인식할 수 있었다. 나는 그전까지와는 다른 세계에 서 있었다. 그리고 이렇게 생각했다. 어떤 일의

끝이라는 것은 어쩌면 원래 이리도 어이없고 조촐한 게 아닐까.
– 무라카미 하루키, 『쿨하고 와일드한 백일몽』중에서

10년이나 지난 사랑 고백, 듣지 않아도 되었을 고백을 듣는 순간 나는 알아차렸다. 이것으로 내 청춘이 끝나버렸음을. 이제 홀로 쓸쓸히 소주를 마시는 일 같은 건 다시 없으리라. 삐삐의 음성녹음을 가슴 졸이며 듣는 일 따위도 다시는 없을 것이다. 좋아한다고 끝내 말하지 못해 눈이 푹푹 나리는 날 삐삐가 울리기를 기다리면서, 아름다운 나타샤를 기다리며 흰 당나귀는 응앙응앙 울 거라는, 쓸데없는 이야기를 하는 일도 이제 다시 없을 것이다. 그렇게 나는 이전과는 다른 세계로 건너왔다. 그렇게나 어이없고 그렇게나 조촐하게.

내게 야한 이야기를 해봐

며칠 전 ○○엄마가 집에 놀러왔다. 한참 수다를 떨다가 집에 돌아갈 때쯤 책장을 쭉 훑어보더니 한쪽 모서리에 얌전히 꽂혀 있던 『그레이의 50가지 그림자 Fifty Shades of Grey 』를 뽑아 들고는 물었다.

"진서 엄마, 이 책 무지하게 야하다는 그 책 아니야?"

"(기어들어가는 목소리로)응, 맞아." (근데 왜 기어들어갔을까?)

"재밌어? 정말 야해? 끝내줘?"

"(끝내주냐고…?)응, 재밌어. 빌려줄까?"

"응, 빌려줘. 나 요즘 이런 게 꼭 필요해."

며칠 뒤 어린이집 버스를 기다리는데 책을 빌려갔던 ○○엄마가 발그레해진 얼굴로 다가왔다.

"그레이, 정말 멋진 것 같아."

"응, 그리스 조각 같은 몸매에 잘생기고 돈 많고 다정하고 세심하고… 완벽한 남자지."

"아, 이런 남자가 야한 이야기로 끝나기엔 아무래도 아쉬워."

"야한 이야기 좋아하나 봐. 의외인데?"

"그게 사실은…."

○○엄마는 뜻밖의 고백을 꺼냈다.

언제부터인가, 부부관계가 소원해진 ○○엄마는 새벽에 남편이 살그머니 일어나 컴퓨터를 하는 모습을 몇 번 보았다고 한다. 몰래 야동을 보는 건가 싶어 모른 척 넘어가주던 어느 날이었다. 새벽에 목이 말라 거실로 나갔다가 커서가 깜빡이는 남편의 노트북을 보게 되었다. 마침 담배를 피우러 나갔는지 남편은 자리를 비웠고, 노트북 화면 속에는 채팅창이 띄워져 있었다. 한밤중에 웬 채팅이람. 무심코 들여다본 채팅창에는 차마 여기서 밝힐 수 없는 온갖 전문용어(?)와 야하고 음흉하고 엉큼하고 흉악하고 지저분하고 자극적이고 충격적인 이야기가 한가득이더란다. 게다가 눈이 어지러울 정도로 빠른 속도로 띠링띠링 올라오는 문장들.

그녀는 충격을 받았다(나도 충격 받았다. ○○아빠는 나도 몇 번 본 적이 있는데, 그야말로 교과서에 나오는 모범생 스타일이었단 말이다!). 앞

뒤 정황을 보아하니 ○○아빠가 바람을 피우는 것 같진 않고 부인 몰래 야밤의 채팅을 즐기는 것뿐이었다. ○○엄마는 고민했다. 이걸 외도라고 볼 수도 없고 변태라고 몰아세우기에는 강도가 약하고, 그렇다고 그냥 놔두기에는 참을 수가 없다. 딴 여자들과 외설스런 채팅을 아무렇지도 않게 하는 남편에게 바짝 약이 오른 것이다.

한참을 고민하던 ○○엄마는 방법을 생각해냈다. 얼굴도 모르는 채팅 상대와 외설스러운 이야기를 나누는 대신 아내에게 하도록 한 것이다. 남편이 여느 때처럼 "사랑해"라고 말하면 "아니, 그렇게 심심하게 말고 좀 야하게 말해줘!" 하고 요구했단다. 처음에 남편은 깜짝 놀라 뒷걸음질을 쳤단다.

"당신처럼 순수하고 얌전한 여자가 야한 이야기를 찾다니 갑자기 웬일이야? 설마 진심인 거야?"

(○○아빠가 정말 그렇게 말했어? 그렇다니까.)

"응, 나 듣고 싶어. 궁금해. 당신 야한 얘기 잘할 수 있어?"

남편은 머뭇머뭇 쭈뼛쭈뼛하더니 시간이 지날수록 신이 나서 떠들어대기 시작했다. 말은 말을 부르고, 표현은 더 자극적인 표현을 부르고, 두루뭉술한 일반명사는 적나라한 구체적 용어로 바뀌어갔다. ○○엄마는 슬슬 비위가 상했지만 참았다. 토하고 싶다는 생각이 들 정도였으나 남편이 바람을 피우는 것보

다야 감사한 일이라고 열심히 귀 기울였다.

그러다 기적이 일어났다. 6개월쯤 밤마다 침실에서 외설스런 밀담을 사이좋게 나누던 어느 날, 남편의 이야기가 딱 끊겼다. 아마 ○○아빠가 '지랄 총량의 법칙'에서 지랄을 다 써버린 모양이다. 그런데 이를 어째. ○○엄마가 허전하고 심심해지기 시작하더란다. 전혀 흥분되지 않는 것이다.

"재미있는 얘기 또 없어? 전에 하던 그 이야기 좀 다시 해 봐."

"아, 싫어. 이젠 재미없어."

"왜, 난 그 이야기 없으면 안 되는데."

그러는 사이 이 책에 대한 소문을 들었다고 한다. '주부들을 위한 끝내주는 포르노'라고 명성이 자자하다기에 읽어 보고는 싫었지만 차마 본인이 직접 사기는 민망하던 차에 우리 집 책장에서 발견했던 것이다.

"읽어 보니 어땠어? 잘 활용했어?"

"그게 말이야. 우리 신랑은 입으로만 변태였나 봐. 실제로는 영 하려고 들지를 않네."

그녀는 꿈꾸는 듯한 표정으로 멍하니 하늘을 올려다본다. 크리스천 그레이를 생각하는 걸까, 남편과의 깊고 어두운 무언가를 상상하는 걸까? 그러고 보니 얼마 전 해외토픽에 뜬 사례가 생각났다. 책에 나오는 체위대로 하루에 한 번씩 해달라고 요구한 부인에게 이혼신청을 한 남자의 기사였다. 단 하루도 그렇게는 못살겠다고.

한동안 백일몽을 꾸는 듯하던 ○○엄마가 내게 물었다.

"그러는 자기는 남편하고 이렇게 해?"

헉, 뭐라 답해야 할지 몰라 잠시 입이 얼어붙어 있다가 얼떨결에 나온 말은, 한 번도 생각해 보지 못한 말이었다.

"남편이 크리스천 그레이가 된다면 생각해 봐야지."

하아, 이런 게 바로 무의식의 발현인 걸까?

섹스의 목적이 단지 2세를 가지려는 것에만 있는 것은 아니다. 우리는 성 본능에 반하는 피임도구까지 써가면서 섹스를 즐긴다. 섹스의 원인과 결과를 단지 '종족유지 본능'이라고 단정 짓는 것은 지나친 단순화이다. 『여자가 섹스를 하는 237가지 이유Why Women Have Sex』라는 책의 저자는 전 세계 다양한 인종과 민족, 다양한 나이, 다양한 성 정체성을 가진 여성 1,000여 명을 대상으로 직접 설문 조사를 하였다. 그녀들은 말한다.

"그 남자가 풍기는 냄새와 눈빛에 끌렸습니다", "여자친구가 없어서 슬퍼하는 걸 보고 연민을 느꼈어요", "남자가 춤을 잘 추면 침대에서도 끝내준다는 속설이 사실인지 확인하고 싶었어요", "친구에게 복수하려고 그애가 관심을 보인 남자애랑 잤어

그남자의 냄새와 눈빛 때문에

여자친구가 없어서 슬퍼하는 요즘이...

오르가즘..

친구에게 복수하려고

섹스를 통해 신과 합일하고 싶었어요

정복...의 뜻이?

춤을 잘 추면 침대에서도 잘한다길래

남편이 하도 들볶아서죠

재미!! 섹스!!

섹스하고 나면 자신감이 늘어요

전에 사귀던 사람을 잊으려고 한거죠

편두통엔 섹스죠.

섹스엔 관계를 회복시키는 힘이 있어요.

다이어트에 좋아요.
섹스..

SEX...

스스로를 벌하는거죠.

요”, “오르가슴의 희열을 느끼고 싶었어요”, “섹스를 통해 신과 합일하는 느낌을 얻을 수 있어요”, “정복의 묘미라고나 할까요, 자극적이고 흥분의 쾌감을 느껴요”, “섹스하고 나면 편두통이 싹 사라져요”, “재미있고 멋진 섹스로 진정한 나를 표출할 수 있어요”, “정말 하고 싶은 게 있는데 남편이 반대할 것 같으면 섹스를 해줘요”, “다른 애들의 부러움을 사려고 우리 대학 최고의 인기남과 잤어요”, “섹스하고 나면 자신감이 생겨요”, “전에 사귀던 남자를 잊으려 다른 사람과 섹스를 했어요”, “섹스는 관계를 회복시키는 기적 같은 힘이 있어요”

이야기를 들어 보면 섹스가 마치 만병통치약 같다. 이 책에 소개된 237가지 이유 가운데 가장 빈번하게 언급된 동기는 성적으로 끌려서, 기분이 좋아지니까, 애정을 증명하기 위해, 오르가슴을 느끼고 싶어서, 파트너를 만족시키려고, 성적 모험을 즐기고 싶어서 등이다.

한편 빈번하진 않지만 중요하고 흥미로운 동기들은 자존감을 높이기 위해, 복수하기 위해, 두통을 없애려고, 스트레스를 풀기 위해, 직업을 얻기 위해, 다이어트를 위해, 신께 다가가기 위해, 관계를 끝장내려고, 나 자신을 벌주기 위해, 돈을 벌기 위해 등이 있다.

섹스라는 행위는 대체 인체에 어떤 영향을 미치길래 만병통

치약 또는 만능해결사 같은 역할을 하는 걸까? 연구진이 일주일에 1회 이상 성관계를 갖는 부부들의 타액을 채취해서 호르몬을 측정해 보았다. 외부 세균을 1차 차단하는 면역물질인 면역글로불린 A라는 세포는 인체의 전반적인 면역체계 상태를 알려주는 지표로 알려져 있다. 적당한 성행위는 이 세포의 수치를 높여 질병에 대한 저항력을 길러준다. 또한 옥시토신과 엔돌핀의 분비도 높아져 체내에 긍정 호르몬의 역할을 한다. 즉, 섹스하면 병에 잘 걸리지 않는다.

섹스 파트너가 어깨, 가슴, 배를 어루만질 때 손길이 닿는 순간순간 감각은 짜릿한 전기신호로 바뀐다. 그 신호는 피부 촉점을 지나 척수를 통과한 다음 시상에 전달돼 뇌의 곳곳을 활성화시킨다. 특히 대뇌피질의 두 정의역인 감각중추를 자극할 때 성적 반응은 극대화된다. 성행위의 강렬한 쾌감과 행복감은 생식기가 아닌 뇌의 자극에서 비롯된다. 그 순간 익히 들어온 도파민, 옥시토신, 엔돌핀 등 신경전달물질들이 난리블루스를 춘다. 극도의 쾌감에 휩싸이고 성적인 절정을 경험한 후 뇌는 달라진다. 조금은 평화로워졌다고 할까, 느긋해졌다고 할까. 오르가슴은 수천억 개의 세포로 이루어진 뇌의 신경 네트워크가 재정비되는 강렬한 경험이다.

남녀의 성관계가 건강에도 이롭고 극도의 쾌감까지 가져다주는 비밀은 어디에 있을까? 그 이유야말로 단순하다. 성행위가 즐겁지 않고 건강에도 좋지 않다면 누가 하겠는가? 힘은 힘대로 들고 재미도 없고 몸에 좋지도 않은데 말이다. 성행위는 인류의 종족보존을 위한 유일한 수단이자 중요한 임무이다. 이 임무를 성공적이고 즐겁게 수행하기 위해 우리의 몸은 적응하고 진화되었을 것이다. 이게 바로 열정적 사랑, 즉 섹스의 비밀이다. 인간은 섹스를 하면서 조국과 민족의 무궁한 지속과 번영을 위하여 몸과 마음을 바치고 있던 거였다. 더해서 섹스의 쾌감 덕분에 아직도 인류는 멸망하지 않고 살아 있는 셈이다.

알랭 드 보통이 쓴 『사랑의 기초 한 남자 A Man's Story』에는 한 남자의 이야기가 나온다. 한 남자는 1년에 여섯 번 정도 섹스를 하고, 자본주의 사회에서 돈 버는 것의 중압감을 호소한다. 밤이면 침대에서 몰래 빠져나와 포르노를 본다. 기회가 생기면 바람을 피우면서도 죄책감에 시달린다. 한 남자는 아내가 일종의 직장동료나 마찬가지인 까닭에 섹스가 힘들다고 말하면서 프로이트의 말을 인용한다. '그들은 사랑하면 정욕이 사라졌고, 정욕을 느끼면 사랑할 수 없었다.' 그렇지만 그들은 여전히 배우자에게 매력적인 이성이 되고 싶어 한다. 빠지는 머리카락을 신경 쓰고 불룩한 아랫배를 감추려고 애쓴다.

단지 2세를 가지기 위한 목적으로 섹스를 하는 것은 아닐지라도 진화론적으로 우리의 모든 행위는 결국 한 가지로 귀결된다. '나의 유전자를 후대에 잘 전달하라.' 그런 이유로 남자가 보는 건 외모다. 생기 있는 피부와 균형 잡힌 여성의 몸매는 건강한 생식능력과 자궁을 의미하는 까닭이다. 반면 여자가 보는 건 남자의 사회적 지위와 돈이다. 혹은 친절함이라고 표현되는 다정다감함과 성실함. 열 달이라는 긴 임신기간과 아이를 독립시키기까지 10년 이상 족히 걸리는 양육기간 동안 자신과 아이를 (경제적으로나 정신적으로) 돌볼 수 있는 사람을 선택해야 한다. 그렇게 배우자를 까다롭게 고른 사람만이 안전하게 후손을 남길 수 있었으니, 우리 DNA 속에 여자는 예뻐야 하고 남자는 돈 잘 벌어야 한다는 속물근성이 새겨지게 된 건 자연스러운 현상인지 모른다.

한 남자가 여러 가지 이유로 섹스를 멀리하는 동안, 한 여자는 어떤 생각을 할까? 여자는 아마도 섹스어필하지 않는 부부관계와 성적 매력을 풍기지 못하는 자신의 고충에 대해 (실제 섹스를 원하는가와 상관없이) 좌절감과 굴욕감 비슷한 감정을 느낄지 모른다. 자격지심을 떠나 유전자에 새겨진 DNA 때문에.

그래서 아줌마들은 오늘도 달린다. 식구들이 남긴 음식을 먹고 나서는 러닝머신을 뛰(다 말)고 다이어트를 (실패)하고, 미백과 주름관리가 한번에 된다는 마스크팩을 사기 위해 득달같이 전화기에 손을 뻗는다. 한 남자가 어쩌다 한번 로맨스를 가장한 외도로 결혼생활의 긴장과 권태로움을 이겨 나갈 때, 한 여자는 드라마를 본다. 막장 드라마라는 둥, 비현실적 설정이라는 둥 겉으로는 욕을 하지만, 사실은 드라마 없이는 살 수 없는 게 여자라는 종족이다. 드라마에 감정을 이입해 욕하고 동정하고 눈물 흘리는 동안에는 잊을 수 있으니까. 무슨 말을 해도 대꾸가 없는 남편과 말 안 듣는 아이들 그리고 보람도 없고 끝도 없는 집안일의 고단함을 말이다. 아름답고 슬프지만 결국은 행복하게 끝날 게 분명한 드라마를 보며 가슴 깊이 만족감을 느낀다. 게다가 비용도 거의 들지 않는다. 죄책감도 없고 위험부담은 더더욱 없다. 그러니 현빈, 소지섭, 조인성, 강동원 등을 어찌 외면할 수 있단 말인가!

욕망의 바닥 들여다보기

나의 욕망의 바닥에는 무엇이 있을까? 가만히 들여다보면 결국 남는 것은 인정 욕구였다. 고미숙 선생은 인정 욕구는 필연적으로 불안과 연계된다고 한다. 인정 욕구는 심리적 브레이크 장치인데, 브레이크를 자주 당기다 보면 만사에 확신이 없게 된다고 했다. 불안을 없애야 심리적 브레이크가 풀리는데 불안을 없애는 가장 확실한 방법은 타인의 인정이라는 것이다.

다른 종에게선 쉽게 발견되지 않는 일부일처제가 발명된 것도 사실은 불안 때문이 아닐까? 일부일처제는 많은 여자를 거느릴 돈도 지위도 없는 평범한 남자들을 위한 동맹이다. 사실 인류는 언제나 항상 힘세고 지위가 높은 남자가 여자 여럿을 취하는 형태로 발전되어왔다. 나머지 남자들은 몇 명 남지 않은 여성들을 공유해야 하는 시스템이었다. 그렇지만 민주주의와

근대 산업국가가 발전하면서 일부일처제라는 사회제도가 고안되었다.

　산업국가에서는 열심히 일할 근로자가 필요했고 근로자는 자기의 유전자를 물려주기 위해 안정적인 관계를 유지할 상대 여자가 필요했다. 그렇기에 인간 남성은 한 남자가 한 여자만 차지하기로 동맹을 맺는다. 여자로서도 그리 나쁘지는 않았다. 최소한 한 명의 남자는 자신과 아이를 위해 자원과 관심을 집중할 테니까. 이로써 '내 유전자를 물려줄 사람을 만나지 못하면 어쩌지' 하는 남녀의 불안이 만나 결혼이라는 제휴가 성립한다.

　네이버에서 '결혼'을 치면 스폰서 링크, 파워 링크, 비즈 사이트라는 이름으로 결혼정보회사를 비롯한 자본주의의 돈벌이 사이트가 주르륵 뜬다. 연관검색어도 마찬가지다. 결혼정보회사, 결혼 준비, 결혼비용, 국제결혼 등 일일이 셀 수도 없다. 정신분석학자 H. S. 설리반에 따르면 '결혼이란 자신의 명예와 공명심과 우월감을 보호하기 위해 경기의 규칙을 따르는 것'이라고 했다. 이때 경기의 목표는 두말할 것 없이 '자신의 유전자를 후세에 퍼트리는 것'이다.

　가족은 그러한 목표를 효율적으로 실행하는 팀원이고, 경기의 규칙은 바로 공고한 가족 시스템이다. 경제학자 게리 베커는 이렇게 설명한다. '가족은 일종의 작은 공장이다. 이 공장에서

여성 주체가 제공하는 것은 가사와 양육서비스다. 남성은 노동 시장에서 돈과 먹을 것을 벌어 가정에 공급한다. 두 사람은 상호 교환적인 감정 말고도 공동의 재화를 만들어가면서 이익을 얻는다. 그 이익 중 하나가 바로 자손이다.'

네이버에 사랑에 대해 물어보면 어떤 결과가 나올까? 우선, 스폰서 링크나 파워 링크가 보이지 않는다. 대신 낭만성의 정점인 노래가 넘쳐난다. 제목에 '사랑'이라는 말이 들어가는 노래는 무려 49,459곡에 달한다. 사랑, 사랑해, 사랑했지만, 사랑합니다, 사랑했는데, 사랑했어요, 사랑하니까, 사랑할 거야, 사랑할수록, 사랑하기에, 사랑인 거죠…. '결혼'이 제목에 들어간 노래는 1,833곡. 사랑 노래와 비교하면 3.7퍼센트에 불과하다.

결혼은 무엇에 관한 동맹관계인가? 당연히 성적 욕구에 대한 배타적 독점 권리다. 전통적으로 남편은 자신이 원하면 언제든지 부인을 취할 수 있다고 보았다. 여성 또한 남편이 바람을 피우면 얼마든지 상대 여자의 머리끄덩이를 잡을 권리가 암묵적으로 인정되었다. 우리 사회에는 간통죄를 둘러싸고 다양한 입장 차가 있지만 어쨌든 폐지되지 않았고 아직도 이혼의 중대한 사유가 된다.

나는 순결을 잃은 『테스 Tess of the d'Urbervilles』도 보았고, 사생아를 낳고 평생 A자를 가슴에 달고 사는 『주홍글씨 The Scarlet Letter』도 보았다. 이디스 워튼의 『기쁨의 집』The House of Mirth』이나 『순수의 시대 The Age of Innocence』, 결혼한 여자가 다른 남자를 사랑했다는 이유만으로 파멸하는 『에피 브리스트 Effi Briest』도 보았다. 역사상 가장 유명한 간통녀 『보바리 부인』도 보았다. 이 모든 비극의 전제는 단 하나, 여성의 성은 사회적으로 관리할 수 있다(혹은 관리해야 한다?)는 것이다.

섹스와 사랑이 결혼과 불가분의 관계라면, 결혼이 없는 사랑 혹은 사랑이 없는 결혼은 어떻게 되는 걸까? 사랑이 결혼이라는 제도의 문으로 들어가는 순간, 부서지고 마모되거나 오히려 주인공을 괴롭히는 장치가 되는 것을 우리는 목격한다. 그 모든 것들은 관습적이고 사회적이며 지극히 건조하다.

결혼이라는 제휴에 돈을 빼놓을 수 없다. 특정한 시대를 사는 인간의 삶은 그 시대의 지배적인 경제 양식과 밀접하게 관련된다. 그렇기에 우리는 자본과 분리될 수 없다. 사랑에도 돈이 필요하다. 만나면 돈이 든다. 밥 먹고 움직이고 차 마시고, 잠을 자는 모든 행위에는 장소가 필요하다. 하다못해 차 안에만 있어도 기름 값이 든다. 데이트는 상대와 같이 머물 장소를 사는 행위에 불과하다. 영화 보고 밥 먹고 차 마시는 초간단 데이트에도 5만 원 정도는 든다. 여기에 한두 가지 코스가 추가되고, 선물을 사거나 여관이라도 갈라치면 하루에 10만 원이 훌쩍 넘는다. 날마다

공원만 산책하다가는 '그동안 즐거웠어' 하고 뒤돌아서기 쉽다.

도서관에서 나란히 공부하고 캠퍼스 벤치에서 수줍은 데이트를 하는 가난한 대학생 커플이 아닌 이상 돈 없이 사는 것은 지질한 일이다(CC들도 서로의 아르바이트비가 나오는 날을 손꼽아 기다린다. 혹은 부모님께 거짓말하고 돈을 타내거나). 소주 한두 병에 바짝 달아올랐지만 (호텔까지는 무리라도) 여관 가는 돈조차 마련하지 못해 비디오방에서 엉거주춤 휴지를 찾는 그 순간, 여자는 남자와의 이별을 결심했을지 모른다.

가난한 연인들은 데이트하는 데 들어가는 비용을 아끼고 밥값을 아끼고 여관비를 아끼기 위해 결혼을 결심한다. 아끼는 만큼 더 벌 것이라는 장밋빛 미래를 꿈꾸며. 그리고 이윽고 그들 사이에서 아이가 태어난다. 결혼의 가장 큰 결실이자 나의 유전자를 물려받은 확고한 2세. 자식을 위해서라면 몸이 부서져라 일할 수 있고 어떤 위험도 감수할 수 있으며, 무엇이건 헤쳐 나갈 수 있(어야 한)다. 위대한 모성, 절절한 부성. 당신의 이름은 부모이다.

아이를 키우고 돈을 모으고 아파트 평수를 넓히는 사이, 성적 욕구 따윈 잊은 지 오래. 어느새 여자는 남자의 식모가 되고 남자는 여자의 보험이 된다. 아이들은 이 시스템을 더욱더 견고하게 만들어준다. 물론 아이들은 그 존재만으로 부부의 삶을 환히

벌레가 돈 못번다 무시한거!!
허어..
변신
돈줄..
없어!! 꺼려
아아 보바리 언니!!
3000루블만.. ... 3000
그만해라 좀..
까라마조프 죠프...
...
아우 써!!

비춰주기도 한다. 만약 아이들이 사랑스럽지 않다면 그 고되고 지겨운 육아의 시간을 견딜 수 있을까? 아기들이 귀여운 것도 결국 다 살아남기 위해 진화한 것인지 모른다.

그렇다면 결혼한 유부녀는 왜 인정 욕구에 시달리는가? 자기에게 평생 자원을 바치겠다는 남자를 잡았고, 유전자를 물려줄 2세를 낳았고, 넉넉하진 않지만 먹고살 정도의 살림을 꾸려가고 있다. 때로 슬프고 지치지만 그만큼 기쁘고 행복하기도 하다. 세상 모든 일이 그렇듯 결혼에도 행복과 애환이 공존한다. 그런데도 그녀는 미진한 마음을 없앨 수가 없다. 그러니 할 수 있는 일이라고는 넘치는 인정 욕구를 외면하기보다 인정하는 수밖에.

엄마의 로망

나에게는 오랜 로망이 두 가지 있다. 첫 번째는 고등학생 시절, 영화 「길버트 그레이프 What's Eating Gilbert Grape」를 본 이후로 생긴 로망이다. 영화에는 괴로운 가족들이 나온다. 지하실에서 목을 매 자살한 아버지, 그 충격으로 200킬로그램의 뚱보가 되어 7년 동안 한 번도 집 밖으로 나가지 않은 엄마, 직장에서 잘린 큰딸 에이미, 사춘기에 접어든 둘째 딸 앨런, 그리고 정신지체아인 막내 어니. 그들 사이에서 길버트는 집을 나간 큰형을 대신해 가족들을 부양한다. 특별한 계획도, 이렇다 할 야망도 없이 하루하루 버티기만 하는 나날들.

내색은 하지 않았지만 고통스러웠던 길버트는 마을을 지나가는 캠핑카를 보며 생각한다. 항상 어딘가로 떠날 수 있는 그들이 부럽다고. 그때 베키라는 짧은 머리의 여자아이가 나타난

다. 캠핑카가 고장 나 잠시 마을에 머물게 된 베키는 길버트와 친구가 된다.

"네가 원하는 게 뭐야? 가족들 말고 너만을 위한 것 말이야."

베키의 질문에 길버트는 아무 말도 하지 못한다. 영화의 마지막 장면에서 활활 불타는 집을 뒤로하고 길버트는 어니를 데리고 베키의 캠핑카에 올라탄다.

나는 흥분했다. 내가 원하는 삶이 바로 저거다. 언젠가 돈을 번다면 꼭 캠핑카를 사고 말겠다. 어디에도 구속되지 않고 전국 방방곡곡을 자유롭게 돌아다니겠다고 결심했다. 그러면 조니 뎁 같은 남자를 만날 수도 있을 테니(디카프리오는 덤이다).

첫 월급을 받던 날, 캠핑카의 가격을 알아보았다. 당시 내 월급으로는 숨만 쉬고 10년을 모아도 살까 말까 한 금액이었다(베키는 부르주아였던 걸까?). 이대로 오랜 꿈을 포기해야 하나?

잠시 잊고 있던 꿈을 다시 떠올린 건 결혼한 뒤였다. 가족이 생겼으니 현실적으로 목표를 낮추자. 캠핑카 대신 가족과 함께 캠핑을 하는 거다. 캠핑카가 별건가? 어디서든 잘 수 있게 침낭을 싣고 다니면 그게 캠핑카지. 한적한 자연에 텐트를 치고 캠프파이어를 하고 바비큐를 구워야지. 상추쌈을 싸서 서로의 입에 넣어주는 거야. 아이랑 개울가에서 그물로 물고기를 잡고 밤이면 해먹에 누워 밤하늘을 바라보며 「별이 진다네」를 부르는 거야.

두 번째 로망은 20대 후반에 생겼다. 그때까지 친구들 다 가는 어학연수나 유럽 배낭여행 한 번 가보지 못했던 내게 난생처음 해외여행의 기회가 생겼다. 프랑스와 독일 두 나라였고 업무상 출장이라 일정이 빡빡하긴 했지만, 앞뒤로 휴가를 붙여 며칠의 자유일정도 넣었다. 여행을 앞두고 얼마나 가슴 설레던지…! 단 5일의 자유일정을 위해 나는 부지런히 『50일간의 유럽미술관 체험』을 읽었다.

미술평론가인 이주헌 선생은 세 돌, 한 돌짜리 두 아들과 아내를 동반한 유럽 미술관 순례를 계획한다. 그 무모한 여행이야기를 담아낸 이 책은 일약 베스트셀러가 되었고 이주헌 선생은 이 책을 기점으로 미술 대중화를 이끈 유명 작가가 되었다. 그야말로 저자의 모험정신이 빛을 발한 것이다.

이주헌 선생은 유럽의 미술관들을 돌아다니며 대중의 눈높이에 맞추어 미술이야기를 들려준다. 명화의 뒷이야기, 시대별 미술 사조와 화가들, 미술관 관람기도 하나같이 흥미로웠지만 역시나 가장 재미있었던 건, 두 아이와 함께하는 엄청나게 무식한 여행의 생생한 경험담이었다. 때와 장소를 가리지 않고 떼를 쓰는 아이들, 카메라와 여권 분실 사건, 식사 때마다 밖에서 끼니를 때우고, 유스호스텔의 공동화장실에서 아이를 씻기는 좌

충우돌 에피소드는 그 자체로 내게 로망이었다(그래, 난 그때 아이라는 종족이 어떤 것인지 몰랐다).

그뿐인가, 미술에 문외한인 그의 부인은 영국의 테이트 브리을 다녀온 날 이렇게 말한다.

"예술을 이렇게 즐길 수만 있다면 평생 가난하게 살아도 그만일 것 같아."

그 순간, 나는 결심했다. 만약 결혼해서 아이가 태어난다면 무슨 일이 있어도 같이 유럽 미술관 기행을 가겠다. 평생 가난하게 살고 싶진 않지만, 예술만큼은 즐기며 살고 싶다.

로망은 현실이 되었을까? 처음 캠핑을 떠날 때 첫째인 진서가 18개월이었다. '캠핑 갈래?' 하는 남편의 말에 '좋아' 했던 게 시작이었다. 남편이 말했다.

"캠핑 장비를 사려면 돈이 좀 필요해."

"그래? 얼마나?"

"한 200?"

헉, 그렇게 많이? 그렇지만 장비는 한번 사면 10년은 쓸 수 있단다. 한 달에 한 번 캠핑 가자는 말도 잊지 않았다. 그래, 200만 원이 적은 돈은 아니지만 오래오래 잘 써먹으면 되지 뭐(캠핑카보다는 훨씬 싸잖아). 그때 우리는 맞벌이였다. 까짓 거, 지르는 거야! 다음 날부터 택배가 미친 듯이 오기 시작했다. 텐트에 그늘 막에 테이블에 온갖 장비들이 줄줄이…. 아무래도 온갖 살림살 이를 다 사들이는 것 같다. 이게 차에 다 들어가긴 하는 걸까? 걱정스럽게 남편에게 물었다.

"이거 정말 200만 원어치 맞아? 물건이 좀 많은 것 같은데."

"자기야, 우리 캠핑 진짜 많이 다니자…. 사실은 총 600만 원 들었어!"

다음 날 생애 첫 캠핑을 갔다. 나는 이미 머리끝까지 화가 나 있었다. 600만 원어치의 살림을 싸 들고 가는 여행이다(그것도 나한테 혼날까 봐 낮춰 말한 금액이었다는 걸 최근에야 알았다). 재미없 기만 해 봐라, 힘들기만 해 봐라. 그 뒤의 과정은 알고 보니 캠핑 은 사서 고생하기 위해 떠나는 거였다. 막히는 도로를 두 시간 넘게 달려 간신히 캠핑장에 도착. 텐트 치는 데 두 시간, 테이블 을 세팅하고 잠자리를 세팅하는 데 또 한 시간. 그동안 방치된 18개월짜리 아들은 혼자 넘어지고, 까까 달라 맘마 달라 업어 달라 재워 달라 연신 칭얼댄다. 그물침대를 걸어주었더니 뒤집 혀서 떨어지는 바람에 한동안 야단법석이었다.

텐트를 다 치고 엉덩이를 붙일 새도 없이 음식 준비를 했다. 쌀부터 씻어 안치고 상추 씻고 국 끓이고…. 나는 집에서도 음 식 하는 걸 싫어하는데 말이다. 겨우 밥을 다 먹고 나니 이제 설

거지. 거기까지는 참았다. 캠핑의 꽃 캠프파이어가 남았잖아. 까만 밤 타오르는 모닥불을 바라보며 소시지에 맥주 한잔 마시면 다 좋아질 거야.

그런데 이게 웬일, 해 떨어지자마자 몸이 덜덜 떨리기 시작했다. 그때가 4월이었다. 남편이 챙기라고 했던 파카를 짐이 많다고 막판에 빼버린 게 잘못이었다. 우리는 추위에 벌벌 떨면서 등이 배기는 텐트 안에서 야영장이 떠나가라 소리를 질러대는 캠핑족들 틈에서 밤새 자다 깨다 하는 아들을 다독이며 힘겹게 밤을 보냈다.

다음 날 아침, 식사 준비와 뒷정리를 마치고 텐트를 접고 모든 물건을 정리하는 데 또 두 시간이 걸렸다. 신이 난 아들은 아빠 옆에서 온갖 공구들을 만지고 던지며 꺅꺅댔다. 집에 오는 고속도로는 물론 정체였다. 고작 1박 2일 짧은 시간을 놀기 위해 고속도로에서 다섯 시간, 텐트 치고 거두는 데 네 시간, 식사 준비하고 치우는 데 네 시간이 걸렸다. 집에 돌아오는 차 안에서 나는 단호하게 말했다. 당장 장비를 팔아라. 아이가 초등학교 들어가기 전까지 내 인생에 캠핑은 없다.

그 후로 3년이 지났다. 장비는 어쨌느냐고? 모두 내다 팔았다. 그리고 다른 장비를 샀다(알고 보니 캠핑장비는 자동시스템일수록 더 싸다). 자동 텐트에 자동 테이블, 그 밖의 장비들도 가능한

끼이익
TENT
그러니까
내일은 이고생을
역순으로 또
한다는
거지?

자동으로 다시 구비했다. 밥은 햇반으로, 밑반찬은 김과 달걀과 소시지, 주 요리는 무조건 고기! 될 수 있으면 캐러밴이나 캐빈 하우스를 예약해서 잠은 거기서 잔다. 그러고는 신나게 캠핑하러 다니기 시작했다. 작년에는 캠핑장에서 둘째의 백일 파티를 했다. 그리고 '별이 진다네'의 로망을 실현하기 위해 남편은 기타를 한창 배우고 있다.

이제 유럽 미술관 기행만 남았다. 10년 전, 프랑스에 간 나는 아침 일찍부터 루브르박물관의 문이 열리기를 기다렸다. 문이 열리자마자 모나리자까지 100미터 달리기하듯 뛰어갔다. 그리고 사진 한 컷. 오르세의 고흐와 모네도, 퐁피두의 피카소도 모두 달음박질해 사진 한 컷. 그러면서 생각했다. 색감이 예쁘네. 물감이 너무 두껍게 발린 거 아니야? 이건 우리 집 달력 그림인데…. 이런 수준이었으니 더 이상은 창피해서 말할 수가 없다.

물론 말은 주저리주저리 청산유수였다. 이 화가는 말이야, 젊은 시절에 이뤄지지 못할 사랑을 했고, 이 사조는 16세기에 나타났는데 말이야, 어쩌고저쩌고…. 하지만 나는 실제로 그림을 하나도 감상하지 못했다. 책을 읽지 못하는 게 난독증이라면, 그림을 읽지 못하는 건 난화증인가? 머나먼 파리까지 가서 내가 느낀 것이라고는, 나 자신이 무서울 정도로 무식하다는 것뿐이었다. 이후 서울에서 열리는 여러 전시회도 다녀 보았지만 소용없었다. 정말 아름다운 그림이고 인류의 유산으로 남을 귀한 작품이라는데 내 눈으로는 도무지 그 가치를 읽어낼 수 없었다. 조금 억울했다.

나는 모든 걸 직접 경험해 봐야 아는 인간이다. 그래서 오래 걸린다. 캠핑도 그랬다. 처음 캠핑을 갔을 때는 주변 정경이 아무것도 보이지 않았다. 힘들기만 한데 무엇 하러 사서 고생하나 싶고, 그토록 원하던 캠핑의 꿈과 현실은 달라도 너무 다른데 싶고. 그러던 어느 날 중도의 캠핑장이었나. 안개가 자욱한 장막이 걷히듯이 시야가 환해졌다. 그제야 보이고 들렸다. 풀벌레 소리, 바스락거리며 흔들리는 나뭇잎, 나뭇잎과 가지들 사이로 비치는 햇빛, 이슬을 머금은 거미줄과 거미, 자전거를 타고 달릴 때 흩날리는 머리카락의 느낌. 참으로 아름다웠다. 이제까지 내 주변에 있던 아름다움이었고 지금껏 느끼지 못했던 아름다움이었고, 그렇기에 환희에 찬 아름다움이었다. 경이로웠다.

혹시 예술작품을 보는 눈을 가지게 된다면, 세상의 아름다운 것들을 더 많이 볼 수 있을까? 『책은 도끼다』에서 나오듯 세상을 보는 안테나가 하나 더 생기는 걸까? 김어준이 말하듯 조각상을 오래 보았더니 어느 날에는 페라가모 구두 뒤축이 얼마나 아름다운지를 알게 되는 걸까? 그렇게 미적 감수성이 생긴다면 이제껏 내가 살던 일상이 아트가 될 수도 있을까? 미술에 전혀

문외한이었다던 이주헌 선생의 부인은 여행의 끝에 이렇게 말한다.

> 그림은 느낌인 것 같아. 그림 보는 것 말이야. 뭔가 알려고 하는 것보다 느끼려고 하는 게 우선인 것 같아. 왜 학교에서 미술 배우거나 할 때 보면 자꾸 지식을 통해 알려고 하잖아. 그게 오히려 그림을 이해하는 데 방해가 되는 것 같단 말이야. 물론 지식도 중요하지만, 자꾸 보고 자꾸 느끼고 그냥 그렇게 반복해가는 게 미술을 이해하는 제일 빠른 길 같단 말이지.
> ─ 이주헌,『50일간의 유럽미술관 체험』중에서

나는 기다린다. 캠핑카를 타고 우리나라 곳곳을 누빌 날을. 아이 손을 잡고 유럽 미술관을 돌아다닐 그날을. 엄청나게 무식한 여행일지라도 아름다운 것들을 보면서 즐거워할 날들을. 아름다운 세상을 더 많이 경험하고 느끼게 될 날을 가슴 설레며 기다리고 있다.

어떤 하루는 인생보다 길다

대체 이 우울함은 어디에서 온 것일까? 어릴 적 트라우마를 해결하지 못하고 억압해온 내면의 그림자 때문인가? 아니면 먼 선조 때부터 피 속에 흐르던 우울함의 정서가 DNA를 통해 전해져왔는지도 모른다. 그도 아니면 불안정한 쌍둥이자리의 지배를 받는 민감한 게자리여서? 혹은 진화론적 우울함일 수도 있다. 냉혹한 생존경쟁에서 살아남기 위해 투쟁하면서 겪는 불안감이 궁극적으로는 종의 유지에 도움이 되기 때문일지도. 아니면 흔히들 말하는 출산 후 일시적 호르몬의 변화로 말미암은 산후우울증(둘째가 벌써 두 살인데?)일지도 모른다.

버지니아 울프는 『댈러웨이 부인 Mrs. Dalloway』을 통해 단 하루 동안의 여자의 인생을 보여준다. 어떤 하루는 일생보다 깊고도 길

다. 댈러웨이 부인의 그 하루는 꽃을 사야겠다고 마음먹으며 시작한다. 눈부시게 찬란한 아침 햇살 아래 꽃을 사러 가면서 그녀는 지난날을 생각한다. 지난 인연을 생각하고 지난 꿈과 지난 이상을 생각하고, 햇빛처럼 찬란한 꽃들을 보면서 잊어버리고 마는 상념들….

누군가의 하루가 그의 일생을 보여줄 수 있다면 오늘 나의 하루는 어땠을까? 아이들을 깨워 밥 먹이고 설거지하고, 아이가 블록을 가지고 노는 동안 잠시 책을 읽을까 하면 세 페이지를 넘기기도 전에 어느새 싸우는 아이들한테 달려가고, 그림책을 읽어주고 다시 점심 먹고 설거지…. 아, 더는 쓰기도 싫다. 무한 반복되는 네버엔딩 스토리.

오늘은 아이들이 낮잠 자는 동안 (두 녀석이 같이 잠든 게 얼마 만인지) 막간을 이용해 몇 달 전부터 눈여겨보던 대학원 준비 카페에 들어갔다. 내가 가고 싶은 대학원에서는 시험을 보기 때문에 내년에 둘째가 어린이집을 갈 때 입학하기 위해서는 서둘러 준비해야 한다. 시험 과목을 알아보고 공부해야 할 책 목록도 점검했다. 다시 시험을 보고 공부할 생각을 하니, 웬일인지 불끈불끈 힘이 솟는다. 들뜨는 마음을 가라앉힐 수 없어 남편에게 선언했다. 대학원에 진학하겠다. 지금부터 준비할 거고 잘하면 내년, 못해도 내후년에는 들어갈 수 있다. 야간 수업도 있으니 일주일에 하루만 일찍 들어와서 아이들을 봐달라.

남편의 얼굴이 순식간에 팍 찌푸려졌다.

"당신, 자아실현이나 하자고 대학원 가려는 건 아니지?"

"아냐. 석사학위 따면 할 수 있는 것도 훨씬 많아지잖아."

얼결에 말했다. 근데 자아실현하려고 다니면 왜 안 되니?

"등록금은 어쩔 거야?"

"우리 이사 가면서 전세금 내려서 갈 거잖아(그거 나한테 좀 투자
하면 안 되겠니?)."

남편이 길게 한숨을 쉰다.

"내가 너한테 돈 벌어오라고 한 적 없잖아. 그냥 집에서 아이
보면서 살림하면 안 될까?"

설렘으로 반짝이던 마음이 쨍그랑 깨어진다, 깨어진다, 깨
어진다.

그래, 사실 그런 생각도 한다. 내가 이렇게 한다고, 알 수 없는
미래를 담보로, 막연한 꿈을 좇아, 되지도 않는 목표를 향해 책
읽고 글 쓰고 공부한다고 뭐가 달라질까? 그냥 남편이 벌어다
주는 돈으로 아이 잘 키우고 살림 잘하면 모두에게 좋은 것 아
닐까. 남편은 자상하고 아이들은 예쁘고 또 부유하진 않지만 그
런 대로 먹고살 정도는 되는데. 전업주부로 살고 싶어도 힘들고
고단한 몸을 이끌고 일하지 않으면 안 되는 사람이 얼마나 많은

데. 나의 이런 바람은 남편이 생각하는 것처럼 자기만족을 위한 사치일까? 가정을 잘 돌보는 것만으로도 충분히 가치가 있는데, 나만 만족한다면 모두가 행복할 텐데…. 하고 싶은 거, 되고 싶은 거 이런 거 없으면 얼마나 좋을까.

「디 아워스The Hours」는 마이클 커닝햄의 『세월The Hours』를 원작으로 한 영화다. 여기에는 세 명의 여자가 나온다. 온종일 글만 쓰고, 할 줄 아는 일이라고는 단지 글쓰는 것뿐인 버지니아는 남편과 하녀에게 멸시를 당한다. 그녀는 멍하니 있다가 갑자기 옷을 걸쳐 입고 기차역으로 뛰쳐나간다. 런던행 기차가 들어오기 불과 몇 분 전, 쫓아온 남편과 팔짱을 낀 채 (나에게는 잡힌 것처럼 보였다) 결국 집으로 향하는 그녀는 연신 기차를 뒤돌아보며 말한다. "삶과의 투쟁 없이는 평화도 없어요."

두 번째 여자, 로라는 케이크 하나도 제대로 만들지 못한다. 그리고 단 한 번도 웃지 않는다. 그녀는 자신을 바라보는 어린 아들에게 말한다.

"도대체 나보고 어쩌라고!"

세월이 흘러 그녀의 아들 리처드가 성인이 되었다. 리처드는 자신에게 헌신하는 혈기왕성한 댈러웨이 부인에 말한다.

"이제 당신도 당신의 인생을 살아."

그리고 그녀의 눈앞에서 창문을 열고 뛰어내린다. "이제 제발 나를 놓아줘"라고 말하며.

영화 후반부에 로라 부인은 말한다. 죽음 대신 삶을 택한 것뿐인데 더할 수 없는 상처를 주고 말았다고. 이젠 다 변명이라고.

아이들과 남편이 모두 잠든 깜깜한 밤, 나는 조용히 거실로 나왔다. 영화를 보지 않으면 잠들지 못할 것 같은 밤이다. 얼마나 지났을까, 방 안에서 둘째가 뒤척이며 우는 소리가 들려온다. 내가 없는 걸 눈치 챘나? 허둥지둥 TV를 끄고 아이 옆에 누웠다. "괜찮아, 엄마 여기 있어." 토닥이다 나도 스르륵 잠이 들었다.

다음 날 아침, 아들을 어린이집에 데려다주고는 그대로 유모차를 밀고 밖으로 나갔다. 간밤에 잠을 설친 탓에 둘째는 유모차 안에서 새근새근 잠들었다. 나는 한 가지 생각만 했다. 만약 버지니아가 런던행 기차를 탔다면 어땠을까? 그녀의 남편이 몇 분 늦게 기차역에 도착해 아내가 탄 기차의 뒷모습만 바라봐야 했다면 버지니아의 인생은 어떻게 달라졌을까? 나도 지금 이대로 어딘가로 훌쩍 떠나버린다면 내 삶이 조금은 달라질까?

내 발길이 멈춘 곳은 꽃집이었다. 댈러웨이 부인이 사던 꽃,

버지니아가 바라보던 꽃, 로라가 버리던 꽃. 황홀할 만큼 아름다운 해바라기를 한 아름 사들고 집으로 돌아왔다.

'제발 나를 놓아줘!'라고 말하기엔 한 게 없다. 죽음 같은 삶이라기엔 행복한 기억이 참 많다. 벌써 우울해지기에는 하고 싶은 게 많다. 그러니 살아야지. 어떻게든 방법을 찾아봐야지.

그럼에도 불구하고

20대 후반, 자잘한 삶의 노하우들이 하나하나 늘어가던 때, 나의 가장 큰 고민은 연애였다. 노하우가 늘기는커녕 연애의 고통은 상대를 바꿔가며 무한 반복 중이었다. 술자리에서 고만고만한 애들끼리 하는 상담도 지겨워졌다. 그래, 제대로 된 해결책을 찾아보자. 그때 읽은 책이 고미숙 선생의 『호모 에로스』였다. 이 책에는 에릭 프롬, 니체, 붓다 등 연애와는 어울리지 않는 사람들이 사랑에 관한 문제에 해결법을 모색한다.

읽는 내내 머리를 끄덕였다. 이젠 밀당의 고수, 연애의 선수가 되겠다는 꿈(?)을 버려야지. 드라마에 나오는 달콤한 연애기술도 그만 배우고 가슴에서 우러나오는 진정한 사랑을 하자고 새삼스레 다짐했다. 그러던 차에 고미숙 선생이 사랑과 연애의 달인을 소개해준다. 그래, 달인처럼 사랑해야지. 가르침을 받겠

다는 기대에 잔뜩 부풀어 있는데. 짜자잔~ 웬 아저씨 포스의 중년 남성이 등장했다. 루쉰이란다.

중국 근대의 대표적인 사상가이자 위대한 문인 루쉰은 고등학교 때 배운 『아Q정전阿Q正傳』의 작가이기도 하다. 연애의 달인이라더니, 이건 그냥 아저씨 아닌가? 그렇다고 꽃중년도 아닌 보통의 아저씨.

그뿐 아니다. 루쉰은 어딘지 밝고 아름답고 희망찬 위인의 카리스마와는 거리가 멀다. '사람과 사람 사이의 높은 장벽 때문에 마음이 통할 수 없는 것처럼 여겨진다'거나, '인류의 슬픔과 기쁨은 상대방에게 통하지 않는 법이라 다른 사람의 감정은 법석을 떨고 있다고 느껴질 뿐'이라고 고백하는 인물이다. 자살한 누군가를 질책하는 사람에게는 '자살은 멸시당할 만큼 쉬운 일이 아니다. 쉽다고 생각한다면 자신이 직접 해 보라'고 주문하고, '독재자의 이면은 노예이니 사람들은 일단 주인이 나타나면 자신을 노예로 위치 짓는다'고 말하고 다녔다니 지금의 진중권 교수보다 안티가 많았으면 많았지 적지는 않았을 것 같다.

루쉰의 참모습은 유언에서도 여실히 드러난다. '장례식에서 누구에게도 한 푼도 받지 마라', '즉시 입관하여 묻어버려라', '어떤 기념행사도 하지 말라'는 등 시크한 면모를 뽐내는가 하면 '자식들에게는 절대 문학이나 미술가는 되지 않게' 하고 '나를 잊고 자기 생활이나 열심히 하라'며 시시콜콜 별걱정을 다해준다. '남이 주겠다고 약속한 것을 믿지 말고', '남의 이와 눈을 망가뜨려놓고도 보복에 반대한다면서 관용을 주장하는 사람과는 절대 가까이하지 말라'는 말은 악에 받쳐 본 사람만이 말할 수 있는 현실적 삶의 노하우다.

이게 끝이 아니다. '임종할 때 다른 사람을 너그럽게 용서하는 신식 사람들이 많은데, 나는 이렇게 결심했다. 그들이 나를 증오하도록 내버려두어라. 나 역시 하나도 용서하지 않겠다.' 와, 이 최강 까칠함이라니. 난 단박에 그가 좋아졌다. 그런데 뒤끝 대마왕에 염세적으로 보이는 이분이 도대체 어떤 사랑을 했기에 연애의 달인이라는 걸까? 그는 마흔일곱의 나이에 무려 열일곱 살이나 어린 제자와 사랑에 빠진다. 게다가 루쉰은 유부남이었다. 능력이 있다고 봐줘야 하나? 그렇다고 연애의 달인이라기엔 좀 석연치 않다. 그 정도의 나이 차이와 부적절한 관계를 이겨내는(?) 커플들은 세상에 많다. 그리고 루쉰의 부인 생각도 좀 해줘야지.

루쉰은 사회적 관습에 따라 어머니가 정해준 사람과 의례적인 혼인을 올리고, 사랑의 감정 없이도 형식적이고 의무적인 결혼생활을 충실히 해 나간다. 몇 년 후 베이징여자대학에서 문학을 가르치기 전까지, 교실의 맨 앞자리에 앉아 열띤 태도로 강

의를 경청하고 질문하던 젊고 지적인 스물아홉 살의 여학생 쉬 광평을 만나기 전까지는 말이다.

학생운동에 얽이면서 루쉰과 그녀의 만남은 횟수가 잦아진 다. 글을 빨리 쓰던 그녀는 루쉰의 집에서 글을 베끼는 작업을 도왔다고 한다. 작업실에서 글을 베꼈는지 마음을 베꼈는지, 이 발그레한 시간이 지나고 쉬광평은 루쉰에게 자신의 감정을 고백한다. 하지만 루쉰은 '자신은 더는 결혼으로 행복을 얻을 수 없으며 다른 사람의 사랑을 받을 자격이 없다'고 거절한다. 이에 쉬광평은 '신神은 그렇게 생각하지 않는다'고 답하며 그의 마음을 돌려놓는다.

수업시간에 자신이 가르쳤던 브라우닝의 작품-나이 많은 교사와 젊은 여제자가 서로 사랑하지만 교사는 제자의 사랑을 거부하고, 나이가 들어 늙고 불행해진 뒤에야 자신이 옳다고 확신했던 생각이라도 '신은 꼭 그렇게 생각하지 않는다'는 걸 깨닫는다는 내용-을 이용해서 자신의 마음을 흔들어놓는 총명한 여학생을 루쉰은 끝내 거부할 수 없었다. 결국 루쉰은 '난 사랑할 수 있어. 그리고 자네만을 사랑해'라고 답하며 '자네가 이겼네!'라는 한마디를 덧붙였다고 한다.

하지만 낭만적인 연애의 대가는 혹독했다. 루쉰은 수많은 조롱과 무시와 비판에 직면한다. 이른바 혁명을 이끄는 사회지도

층 인사가 구시대의 악습인 중혼을 한 것이다. 그것도 자신이 가르치던 제자와. 당시 중국을 발칵 뒤집어놓은 스캔들의 주인공, 루쉰과 쉬광핑 그리고 루쉰의 아내, 세 사람은 무엇을 얻고 잃었을까?

루쉰의 아내인 주안은 허울뿐인 결혼생활과 맏며느리 역할을 계속해 나간다. 이혼을 원치 않았기 때문에 그녀는 평생 루쉰의 정실부인이라는 타이틀을 지켜낼 수 있었다. 쉬광핑은 이후 10년 동안 루쉰과 같이 살면서 그의 아들까지 낳았지만, 불륜을 저지른 가정파괴범이라는 세간의 평가에 뭇매를 맞아야 했다. 하지만 루쉰이 죽은 뒤 모든 저작물에 대한 관리와 루쉰 관련 사업들을 도맡아 하게 된다.

세상 사람들의 질타와 조롱 속에서도 루쉰과 쉬광핑은 생에 단 하나뿐인 사랑을 얻었다. 그들의 사랑이 멋지고 아름답게 마무리되려면 차가운 세상 사람들의 비난과 장애물에 "우리 그냥 사랑하게 해주세요"라고 외치며 현해탄 푸른 물에라도 풍덩 뛰어들어야 하는 것 아니었을까? 순간적인 충동에 휩쓸린 부적절한 관계가 아니라, 목숨을 건 진정한 사랑이었음을 증명해야 하는 것 아니냐는 말이다.

하지만 그들은 살았다. 자살하지도 죽을병에 걸리지도 않고, 주변의 비난과 손가락질을 묵묵히 감수하며 구질구질하게 살

아남았다. 살면서 함께 삶을 만들었다. 상대의 감정을 확인하는 데 시간을 소모하지 않고, 사랑한다는 말 한마디 없는 편지를 주고받았다. 그들이 주고받은 편지에는 상대를 배려한 충고와 조언, 조국에 대한 걱정과 혁명에 대한 신념, 자신의 내밀한 고민이 쓰여 있다. 서로 공감하고 격려하며 나란히 같은 곳을 향해 걸어가는 그들의 뒷모습이 보이는 것 같다. 그건 어른의 사랑이었다.

극적인 사랑일수록 장애물이 많아야 하고 그것들을 넘으면서 받는 고통이 클수록 진실한 사랑이 증명된다는 믿음은 얼마나 아침드라마식 사고인가. 사랑하는 사람과 같이 나눌 것은, 밀고 당기면서 얻는 감정적 승리나 서프라이즈 이벤트 따위가 아니라 공감하고 격려하고 함께하는 인생 그 자체에 있다. 『루쉰의 편지魯迅情書鑒賞』의 역자가 말한 대로, 사랑이야말로 인간이 인간에게 베풀 수 있는 가장 위대한 구원이다.

20대 후반이 지나 나 역시 결혼하고 아이도 둘이나 낳았다. 지금에서야 루쉰의 사랑이 절절하게 다가온다. 소중한 사람과 같은 시간을 공유한다는 것, 그 시간이 모여 나의 삶을 만들어가는 고마움을 알아가고 있다. 함께하는 삶이 풍성하고 아름다워지도록 사랑하라. 서로의 성장을 도울 수 있도록 공부하라. 루쉰은 인생에 단 한 번 사랑했지만 제대로 사랑하고 제대로 살

왔다.

쉬광핑에게 보낸 편지에서 루쉰은 이렇게 말한다. "솔직한 이야기를 하나 하겠습니다. 나의 사상을 다른 사람에게 전염시키는 것을 원하지 않습니다. 나의 사상이 너무나 어두운 탓입니다. 자신도 옳은지 그른지에 대한 확신이 없습니다. 하지만 '그럼에도 불구하고 저항하겠다'는 말은 진심에서 우러나온 것입니다."

이제 나는 누구에게도 어떤 것에 대해서도 묻지 않으련다. 다만 호랑이한테 잡아먹히더라도 호랑이를 한번 물어는 볼 것이다. 정신승리법을 구사하더라도 나 자신만은 속이지 않을 것이다. 연애는 뜨겁게, 인생은 더 뜨겁게. '그럼에도 불구하고' 저항할 것이다. 마지막에 가서는 소중한 이에게 편지를 쓸 것이다. 이게 루쉰에게 배운 것들이다.

나만의 위안을 찾아서

2009년 연말, 홍대에서 친구를 만났다. 이것저것 답답한 마음을 토로하는 친구 이야기를 듣다 보니 나까지 갑갑해지려는 찰나에 아는 언니가 '족집게'라고 침을 튀기며 가 보라던 사주 카페가 바로 근처라는 게 생각났다.

언니가 다짐한 대로 '일월도령'을 찾았다. 고작 20대 중반밖에 되어 보이지 않는 곱상한 얼굴에, 어울리지 않는 생활한복을 입고 도령이 나왔다. 친구가 이것저것 물어보기 시작했다. 뻔한 대답만 읊어대는 것 같아 영 미심쩍었다.

내 차례가 되었다. 대놓고 불신의 눈초리를 보내는 내 앞에서 도령은 천연덕스럽게 나의 과거에 대해 말하기 시작했다. 헉, '귀신같다'는 말이 이럴 때 쓰는 말이구나. 나도 모르는 나의 성향, 태어난 그대로의 나와 과거의 나를 줄줄이 꿰어 맞추는 도령의 모습에 입을 딱 벌렸다. 저자세 모드로 공손하게 고쳐 앉고는 도령을 우러러보며 조심스레 물었다.

"내년에 저는 어떻게 될까요?"

그가 피식 웃으며 대답했다.

"내년에 일을 그만두게 될 것이다."

뭐라고? 뜻밖의 말에 나는 머리를 절레절레 흔들며 다시 의심의 눈초리를 보냈다.

"전 회사 그만둘 생각 전혀 없는데요."

도령은 또 피식 웃기만 한다.

"건강이 좋지 않다. 더 나빠질 것이다. 조심해라."

"물론 건강은 좋지 않아요. 하지만 술만 좀 끊으면 아니, 일을 좀 줄이면, 아니 아이가 잠만 잘 자면…."

횡설수설하고 있는데 또 피식 웃는다.

"내년에 아이를 가질 것이다."

밤마다 자지 않는 아이 때문에 살이 쭉쭉 빠지던 때였다.

"무슨… 둘째 생각 절대 없어요."

또 피식.

"혹시 글을 쓰느냐?"

"글이요…? 보고서요?"

"글을 써 봐라. 어린이 책을 쓰면 될 거다."

이번엔 내가 피식 웃었다.

"제 직업은 책을 쓰는 게 아니라 파는 건데요."

정작 고민하던 친구는 별 이야기를 듣지 못했는데 아무 생각 없이 앉아 있던 나만 엉뚱한 폭탄을 맞았다. 난데없이 글을 쓰라니, 그게 다 무슨 소리람.

6개월이 지났다. 도령의 예언은 현실이 되었다. 우울의 바닥에서 허우적거리는데 도령이 생각났다. 『먹고 기도하고 사랑하라Eat Pray Love』의 저자 리즈는 발리에서 만난 어느 예언자로부터 다음과 같은 말을 듣는다. "자네는 긴 여행을 떠나게 될 거고, 마지막에는 여기에 와서 나와 같이 몇 달을 지내게 될 거야. 나에게 영어를 가르쳐줘. 난 요가와 명상을 가르쳐줄게…." 그녀는 이렇게 대꾸한다. "나란 여자는 그런 말을 들으면 그렇게 해야 하는 사람이다." 그 일을 계기로 그녀는 이탈리아, 인도, 발리를 순례하는 1년의 여행을 구체화한다.

나도 그렇다. "당신은 글을 써야 하고, 어린이 책을 써야 한다"는 말을 들으면 어떻게든 그렇게 해 봐야 직성이 풀린다. 결심했다. 이제는 글을 써 볼까?

물론 내가 평소 글을 쓰던 사람은 아니었다. 1년에 5일 정도 쓰는 일기가 고작이었다. 문창과나 국문과를 나오지도 않았고,

출판사에 근무하는 내게 책은 팔아야 하는 상품이었다. 하지만 귀신같은 도령이 글을 써 보라니 그래야 할 것 같았다. 어린이 책을 써 보라고 했겠다? 이왕이면 팔리는 책을 써야지. 지식과 교양을 아우르고 재미와 흥미가 함께하는 그런 책 말이야. 스토리텔링이 가미되면 더욱 좋겠지. 언제나 입으로 나불거려온 그 많은 것들을 그냥 글로 옮기면 되잖아? 의욕에 넘쳐 몇 글자 끼적거려 보았다.

좌절이었다. 책상 앞에 앉을 때마다 자기 학대에 시달렸다. 이런 어쭙잖은 걸 쓰려고 시작한 게 아니잖아. 이따위로 쓰려면 차라리 안 쓰는 게 나아. 모든 글은 고쳐 쓰기 전까지 전부 쓰레기라고 헤밍웨이가 말했다지만 헤밍웨이의 쓰레기와 내 쓰레기의 수준이 같을 리가 없잖아. 그런 자책으로 책상에 머리를 찧다 보면 항상 결론은 한 가지였다. 글 쓰는 건 나에게 맞지 않아.

그래, 예언은 틀렸어. 안 써, 안 쓸 거야. 내가 할 일이 얼마나 많은데. 요리의 달인이 될 수도 있고, 베란다에 채소밭을 가꿀 수도 있고, 아이 교육에 몰방할 수도 있어. 하지만… 왜 다른 일에는 마음이 안 가는 걸까? 아무리 생각해도 돈 안 들고 집에서 시간에 구애받지 않고 자유롭게 할 수 있는 일은 글을 쓰는 것뿐이다. 마음을 다잡고 다시 컴퓨터를 켰다. 이런저런 뉴스를 검색하고 남의 블로그를 기웃거리다 지쳐 컴퓨터를 껐다. 한심

사주 cafe

회사는 그만두게 될 겁니다.

그럴 생각 없는데..

건강이 나빠질거에요 조심하세요.

거야 뭐 술담배 끊으면..

아이가 하나 더 보이네요.

NEVER!!

글을 써보세요.

피식
하아.. 이양반..

6개월 후

그양반 엄청 쪽집게였네!!!
대—박!!

하다.

나는 왜 글을 쓰려는 걸까? 무슨 말을 하고 싶은 걸까? 사실은 무엇을 쓰고 싶은지도 모른다. 쓰고 싶은 게 명확하지 않으니 억지로 쥐어짜는 글을 쓰게 되고 그러니 당연히 힘이 들 수밖에. 젠장, 신의 계시를 받았으니 (사주카페 총각의 한마디는 어느새 신의 계시가 되었다) 시작만 하면 일필휘지로 불후의 명작을 써낼 수 있으리라 생각했는데!

내가 진짜로 원하는 건 뭘까? 나는 육아와 자아성취 둘 다 원한다. 돈과 명예를 동시에 추구하며, 가정의 행복과 사회적 성공 어느 것 하나 포기할 수 없다. 나를 표현하는 단어는 무엇일까? '날개옷 잃어버린 선녀' 같은 건 분명 아닐 것이다. 내가 원하는 삶은 뭐지? 어린이 책 작가? 마케팅팀장? 창업? 일류대 간 아이의 학부모…?

결국 글 한 줄 끼적이지 못해 절망에 빠지는 진짜 이유는, 내가 원하는 게 무엇인지 모르기 때문이다. 생면부지 도령의 말 한마디에 매달려 허우적대고 있는 허약한 나 자신 때문이었다. 난 재능이 없어. 열정도 노력도 시간도 없어. 글 같은 거 쓰지 말자. 미련도 두지 말자. 그렇게 다짐하던 어느 날, 지난 블로그를 뒤적이다 20대에 쓰곤 하던 일기를 보았다.

'1월 1일, 올해는 매일 일기를 쓰리라.' '12월 31일, 내년엔 꼭

일기를 쓰리라. 앞으로도 잊고 싶지 않은 일은 꼭 기록해야지.'

뭐지, 이게? 내가 원했던 게 이거였어? 생각해 보면 지난 20년간 작가가 되고 싶다고 생각한 적은 단 한 번도 없었다. 하지만 언제나 글은 쓰고 싶었다. 거창한 무언가를 쓰고 싶었던 건 아니었다. 그저 생각하고 느끼고 경험한 것을 글로 남기고 싶었을 뿐.

그냥 써버릴까? 어떤 글을 써야 한다는 생각 없이 아무거나 써 볼까? 일월 도령이 계시를 내렸으니까 자신감을 가져도 되지 않을까? 내가 지금 살아가는 모습을, 소소하고 시시하고 치졸 한 내용이라도 가감 없이 적어 보는 거야. 쓸 말이 없으면 그날 읽은 책에서 밑줄 그은 부분이라도 적어놔야지.

아이 때문에 매일 시간을 내기 쉽지 않지만 이런 결심으로 밤마다 일기를 쓰는 사이 어느새 나는 웃음을 되찾고 있었다.

슬픔의 암흑기에 처한 내게 이탈리아어를 배우는 것만이 지금 당장 즐거움을 가져다줄 유일한 활동이라는 이유 외에 달리 무슨 이유가 필요하단 말인가. 칠흑 같은 시기를 보낸 뒤에는 행복의 희미한 가능성이라도 감지되면 어떻게든 그 행복의 발목을 움켜쥐고 그것이 날 진창에서 일으켜줄 때까지 절대 손을 놓지 말아야 하는 법이다.

- 엘리자베스 길버트, 『먹고 기도하고 사랑하라』 중에서

나는 기다린다. 모두 다 잠든 시간, 창밖에는 외로운 자동차 소리만 띄엄띄엄 들리는 까만 밤, 나 혼자 일기 쓰는 시간. 기껏 쓴 글이 변변치 못해도, 끝내 책을 낼 수 없게 될지라도, 그게 나를 숨 쉴 수 있게 해준다면. 좋아, 잡고 놓지 않겠어.

내 나이 서른여섯

괴테가 말했던가. 스물여덟이 되도록 유명해지지 못한 사람은 명예에 대한 꿈을 버려야 한다고. 지미 헨드릭스도, 재니스 조플린도 짐 모리슨도 스물일곱에 죽었다. '점점 소멸되는 것보다 한꺼번에 타버리는 것이 더 좋다'는 유서를 쓴 커트 코베인이 자살한 것도 그 나이 무렵이었다. 서른이 넘어서며 가장 먼저 든 생각은 이거였다. 이제 죽어도 '요절'이라는 말은 못 듣겠구나.

서른여섯이 되었다. 예수와 모차르트는 이미 죽었다. 바이런이 죽고, 라파엘로와 반 고호가 죽기 1년 전 나이다. 그리고 나는 살아 있다. 정신은 멀쩡하고 마음은 여전히 청춘인데 몸은 점점 노화의 징후를 보이고 있다. 출산 이후 체력은 점점 더 바닥을 드러내고 있다. 아주 작은 성취라도 이루지 않으면, 앞으

로의 내 인생은 손가락에서 모래가 빠져나가듯이 폭삭 주저앉
고 말 것 같다.

다른 이들도 그랬을까. 『먹고 기도하고 사랑하라』를 쓴 엘리
자베스 길버트가 이탈리아, 발리, 인도에서 1년간의 여행을 끝
내고 돌아온 때도, A. J. 제이콥스가 지적 추락을 참지 못해 브리
태니커 백과사전 통째로 읽기 시작한 것도, 공지영 작가가 18년
동안 외면했던 가톨릭을 다시 받아들이며 유럽 수도원 기행을
한 것도, 김연수 작가가 『청춘의 문장들』을 쓴 것도 나이 30대
중반쯤이었다.

작가 김연수는 20대 초반에 시와 소설로 동시에 데뷔하며 천
재라는 말까지 들었다. 하지만 그 후로는 오랫동안 작품을 쓰지
못한다. 그는 한때 '워킹하는 우먼'들을 위한 기사를 불철주야
써내던 잡지사 기자였다가, 또 한때는 '파티션이 쳐진 책상에
혼자 앉아서는 일주일 내내 책상 맞은편에 붙은 연예인 브로마
이드만 하염없이 바라보던 과장'이었다고 한다.

씨네 21에 입사지원을 하지만(면접에서 코엔 형제의 철자를 몰라)
떨어지기도 하며 인터넷서점 MD와 음악 칼럼니스트로 일하기
도 한다(설마!). 가끔 술이라도 마시면 고주망태가 될 때까지 형
편없이 취해버렸다니, 그때가 그의 어둠이었을까. 출퇴근 합쳐
꼬박 세 시간을 통근버스에 흔들리면서 왜 하필이면 글을 써야

만 하느냐는 문제로 고민했다니 말이다.

어둠을 똑바로 바라보지 않으면 그 어둠에서 벗어날 수 없다는 것, 제 몸으로 어둠을 지나오지 않으면 그 어둠에서 벗어날 수 없다는 것, 어둡고 어두울 정도로 가장 깊은 어둠을 겪지 않으면 그 어둠에서 벗어날 수 없다는 것.

— 김연수, 『청춘의 문장들』 중에서

3년의 고민 끝에 그는 글을 써내려간다. 퇴근 후 열한 시부터 새벽 두 시까지 매일, 돈도 명예도 가져다주지 않을 것이고 사회나 문학을 쇄신하는 사상이 담기지도 않을 게 분명한 장편소설을. 그것은 '하필이면 왜 글을 써야 하느냐'는 고민에 답을 얻었기 때문이었다. 그 답은 조금 예상 밖인데, 그는 이렇게 말한다.

"나는 지금 소설을 쓰고 있다. 오직 그 문장에만 해당하는 일을 하고 있다고 깨달은 순간, 살아오면서 받았던 모든 상처가 치유되는 것을 느꼈다."

이런 깨달음이 있는데 어떻게 글을 쓰지 않을 수 있겠는가. 살아오면서 받은 모든 상처가 치유되는 걸 느꼈는데, 어찌 그걸 거부할 수 있단 말인가.

김 작가는 말한다. "번데기가 허물을 벗듯이, 새가 알을 깨듯

Smells like
teen
Spirit
인생은,
ㅁ빠ㄱ보다
길어
28세
33세
36세
37세

이 우리는 자폐의 시간을 거쳐 새로운 세계 속으로 입문한다. 그 시간을 견디지 못하면 결국 그 세계에서 빠져나오지 못하게 된다."

자폐의 시간을 견디는 방법은 『주역周易』에도 나온다. '박' 괘이다. 막힌 시절을 견디는 지혜. 박의 운이 진행할 때에는 모든 것을 버리고 순종해야 한다. 납작 엎드려 숨을 죽여야 한다. 조용히 지금이 지나가기를 기다려라. 그 침잠의 와중에 씨앗을 간직해라. 군자는 종자를 남겨두어 수레를 얻지만, 소인은 조롱박마저 깨뜨린다. 결국 김연수는 전업 작가가 되었다. 돈에 대한 불안이나 앞날에 대한 고민도 물론 많았다.

그럼에도 한번 해 보고 싶었다. 그러니까 나는 매일 소설을 쓰고 싶었다. 매일 소설을 써서 어제보다 조금 더 나은 오늘의 소설가가 될 수 있는지 따져 보고 싶었다. 만약 그렇게나 된다면 소설이야 대단할지 안 대단할지 알 수 없지만, 적어도 내 인생만은 괜찮아질 것 같았다. ─『우리가 보낸 순간』 중에서

눈물이 났다. 『주역』까지 보지 않더라도, 어딘가 있을 파랑새를 기다리는 게 아니더라도 기다리는 수밖에 다른 방법이 없는 순간이 있다. 조용히, 숨 쉬는 것조차 눈치채지 못하도록 가슴

속에 가만히 씨앗을 품는 수밖에.

순간에 빠지면 그 시간이 영원 같다. 하지만 뒤돌아보면 그건 찰나에 불과하다. 만약 인생이 생각보다 길다면, 장편소설에서 언제나 절정만 있지는 않은 것처럼, 발단-전개=위기의 어느 순간이 바로 지금일지도 모른다. 절정은 이 순간을 어떻게 지내느냐에 따라 달라지는 것일지도.

그렇기에 나도 해 보기로 했다. 어떻게든. 대단할지 안 대단할지는 알 수 없지만, 적어도 어제보다 조금 나아질 수만 있다면 해 본 다음에 포기해도 늦지 않다. 그리고 나는 아직 어떻게든 안 해 봤다. 인생이 생각보다 길다면, 덤이라 생각했던 부분이 진짜 인생 아닐까? 사실은 내 나이 서른여섯이어서 다행인 것은 아닐지.

나를 위로하는 것들

"류 대리, 다음에 만나면 뭐라고 부르지?" 회사를 그만둘 때 동료들은 떠나는 내 손을 붙잡고 이렇게 말했다. 이제 나는 무어라 불리게 될까? 짧지 않은 세월 대부분 내 이름으로 불렸고, 회사에 들어가서는 대리라는 직함이 붙기도 했다. 그리고 이제 사람들은 나를 '진서 엄마'라로 부른다.

이제 와 생각해 보면, 나는 한 사람의 아내이고 엄마이고 며느리일 뿐이라는 좌표를 버겁게 느꼈던 것도 같다. 회사를 그만두고 막 전업주부가 되었을 때의 나는 갓 입사해 철모르는 신입 사원과 다름없었다. 육아와 살림이라는 책임은 나를 짓눌렀고, 서툴고 못한다는 걸 인정하기 싫어서 가지 못한 다른 길을 부러워하기도 했다. 일상에서는 온갖 허튼 짓과 삽질의 퍼레이드를 이어 나가면서 말이다.

그럴 때마다 컴퓨터에 머리를 박으며 살림과 육아에 소질이 없어 속 타는 마음을 블로그에 올렸다. 그러자 많은 분이 자신 또한 살림에 재능이 없고, 육아에 소질이 없고, 엄마라는 자리가 벅차게 느껴질 때가 있다며 격한 눈물의 공감을 해주었다. 대한민국의 그 완벽해 보이는 엄마들도 사실은 나처럼 다 허당이었는지 모른다는 생각이 들자 얼마나 위로가 되던지!

이제 나는 '류 대리'보다 '진서 엄마'라는 이름이 더 익숙한 여자가 되었다. 발랄한 아가씨였던 나는 어디로 갔는지 기억나지 않고, 결혼해서 이렇게 아이 키우며 사는 내 모습이 때때로 낯설기도 하다. 그 낯설음의 틈새를 메우려고 써온 글들이, 다른 엄마들에게 용기와 공감을 줄 수 있다면 참 고맙고 기쁠 것 같다.

이 책의 많은 소스를 제공해준 남편과 두 아이에게 감사와 사랑의 마음을 전한다. 너무 솔직했나? 싶을 만큼 아슬아슬한 우리 집 속사정도 책으로 담담히 이야기할 수 있도록 이해해준 남편의 넓은 마음이 고마울 뿐이다. 덧붙여 친정과 시댁 식구들께도 고개 숙여 존경과 감사의 인사를 드린다.

나였던 그 발랄한 아가씨는
어디 갔을까

초판 1쇄 인쇄 2013년 7월 22일
초판 1쇄 발행 2013년 7월 31일

지은이 류민해　**그린이** 이크종(임익종)
펴낸이 김남중
책임편집 이수희
마케팅 이재원

펴낸곳 한권의책
출판등록 2011년 11월 2일 제25100-2011-317호
주소 121-883 서울 마포구 합정동 411-12 3층
전화 (02)3144-0761(편집)　(02)3144-0762(마케팅)
팩스 (02)3144-0763
종이 월드페이퍼　**인쇄·제본** 현문인쇄

값 13,500원　ISBN 979-11-85237-00-8　13590

* 잘못된 책은 바꿔드립니다.
* 이 책 내용의 전부 또는 일부를 재사용하려면 반드시
　저작권자와 한권의책 양측의 동의를 받아야 합니다.